住行篇

野鸟放大镜

The Secret Life of Birds
(Breeding & Movement)

许晋荣 ◎ 著

商务印书馆
The Commercial Press

2016年·北京

野鸟放大镜

The Secret Life of Birds
(Breeding & Movement)

住行篇

出版序 4

推荐序 5

作者序 6

比翼双飞 7
结婚的季节 8
夫妻同心 10
夫以妻为贵 12
三妻四妾 14
男为悦己者容 16
恋爱嘉年华 18
歌唱擂台 20
爱情舞会 22
定情之物 26
保卫家园 28
宣示主权 30
动口不动手 32
高手过招 34
追赶跑跳蹦 36
战胜自己 38

奇妙鸟巢 41
筑巢看风水 42
巧夺天工育婴房 46
爱心布置鸟摇篮 48
地上婴儿床 52
草丛育婴房 54
灌木育婴房 56
乔木上的摇篮 58
树洞育婴房 60
土洞育婴房 62
岩壁育婴中心 64
土壁育婴房 66
水边婴儿床 68
水面摇篮 70
浮叶摇篮 72
人造育婴房 74
寄养家庭 76

飞羽之爱 79
传宗接代进行式 80
小鸟蛋大学问 84
智慧型亲鸟孵蛋法 86
破壳而出 88

无微不至育儿术　90

小小鸟儿当自强　94

只要我长大　96

疲于奔命养父母　98

鸟类也要坐月子　100

亲子沟通无障碍　102

会吵的小孩有糖吃　104

残酷的手足相争　106

想飞的日子　108

像爸爸像妈妈　110

不像爸爸也不像妈妈　114

天生爱变装　116

天然隐形衣　118

舍命护幼雏　120

天空之翼　125

飞行奇迹　126

展翅高飞　128

一飞冲天　132

勇闯天际　134

超完美俯冲　136

空中定位术　138

欢迎搭乘隐形电梯　140

飞行生活家　142

神乎其技的羽翼　144

多功能降落器　146

飞行冠军　150

大鸟慢飞　152

水底也能飞　154

长途旅行　156

羽翼之外　159

双脚万能　160

能飞也能跑　162

超强划水装备　164

高效率涉水鞋　166

凌波微步叶行者　168

爬树专家　170

攀壁也能睡　172

是工具也是武器　174

空中终极武器　176

特制捕鱼利器　178

专业捕蛇配备　180

野鸟专用脚环　182

喜爱步行的鸟　184

不良于行的鸟　186

踏水而行展轻功　188

飞羽生命　191

晚上不睡觉的鸟　192

野鸟的睡眠与休息　196

雨中即景　200

强敌环视　202

生命无常　204

出版序

野鸟私生活大公开

　　台湾的赏鸟风气在许多爱好者和保护团体的努力下，日益蓬勃发展，赏鸟应该算是台湾自然观察活动中最成熟的一项，不仅喜爱者众，就连相关的摄影或生态纪录片，成绩都非常可观。

　　赏鸟的最大好处就是随时随地皆可进行，一个人可以，一群人也行，有望远镜最好，用肉眼也无所谓。除了眼睛的飨宴外，耳朵也有无上的享受。每种鸟都有其独特的鸣声，主角清唱好听，混声合唱更是天籁。最好的还有每年秋季之后，远方的鸟儿不远千里来到台湾这个蕞尔小岛，或短暂歇息，继续南迁，或在此度过整个冬天。于是台湾一年四季皆有鸟可赏，喜爱赏鸟的人真的会乐不思蜀。

　　记录鸟类的方式，每位赏鸟者都不同，有的喜欢拿着图鉴直接标记在书页上，包括出现的时间、月份、地点等；有的则喜爱拼鸟种的多寡，于是上山下海四处奔波，只为再添一笔新记录；有的则用相机一一拍下野鸟美丽的倩影，甚至不惜出资买下昂贵的摄影器材，挑战高难度的拍摄。

　　于是，野鸟的信息空前发达，新闻媒体一向少有兴趣的自然题材，似乎独厚鸟儿，许多野鸟也得到莫大的关注。但我们真的足够了解这一群时时刻刻出现在身边的野鸟吗？对它们的生活究竟知道多少？

　　作者许晋荣先生穷二十余年的光阴，默默记录着野鸟生活的真貌，同时也亲眼见证了许多野鸟不为人知的习性，这样的图像记录不再只是拍到鸟类美丽的外貌，而是真切地为大多数人打开了一扇窗，让我们第一次有机会一睹野鸟的私密生活，原来它们也和我们一样，有衣食住行的烦恼，也有许多问题需要解决。

　　这样的介绍角度应该是台湾首见的，我们将这本《野鸟放大镜》真挚推荐给所有喜爱自然的朋友。作者的投入与成绩是有目共睹的，二十余年的扎实功夫，不仅是摄影水平的精进，还有对野鸟的深入观察，才能捕捉到许多难得一见的画面。但愿本书的出版能让更多自然爱好者愿意持续记录台湾生物的真貌，让生活在台湾的人认识台湾这块土地的真风貌。

亲眼目击鸟类的奇妙生活

　　和晋荣认识，是因在野外拍鸟，志趣相同，年龄相当，他是一个蛮谈得来的朋友。二十多年来他"不务正业"，一头扎进鸟类生态摄影的行列。晋荣行事风格低调，作品少有发表，这次能够将多年努力的成果成书发表，可说是出版社慧眼识英雄，相信读者的眼睛也会为之一亮。本书可说是晋荣二十多年来的心血结晶，晋荣虽非科班出身，但对自然及摄影充满热爱，野外的经验及对鸟类的知识都相当丰富，在摄影技巧上更是力求突破。一般扛着大炮（长镜头）追鸟的拍鸟方式已经不能满足他了，他总是设法拍些与众不同的画面，这些画面都是通过长期观察后，运用独特的视野及在耐心漫长的等待后得来的，诚属不易。

　　鸟类的世界是多姿多彩且引人入胜的，目前坊间关于鸟类的摄影书籍也有不少，不过大多偏向种类辨认图鉴式，同构性偏高，对各种鸟的有趣行为或有提及，但着墨较少。这本书以本土出现的鸟类为主，从它们不同的身体构造出发，浅谈其功能及特性，或是哪一种鸟对哪些食物有所偏好等，以及将它们日常生活中各式各样的行为，做有系统的整理介绍，有鸟类教科书的功能，但绝对是一本有趣且引人入胜的鸟类教科书。通过晋荣入微的观察，以及精湛的摄影技巧，佐以浅显的文字，图文并茂，相信本书能让读者对鸟类的知识有更深入的了解。

　　近年来，拜数字科技的进步所赐，影像数字化之后，喜欢摄影的人数直线上升，蔚为一股风气，生态摄影更是如此。能够以个人喜好的生态摄影为业，是很快乐的工作，一般人应该都很羡慕才是，但这条路走起来也非常辛苦，经济的压力、体力的付出等总是不为外人所知。晋荣最近又执着于自然环境声音的录制，一如他的一贯作风，总是倾家荡产、不计后果地投入。唯有坚持，才能持续，也才能有美好的成果，期待不久的将来，可以聆听出自晋荣的美妙之音，在此与他共勉之。

知名生态摄影家及生态纪录片导演

作者序

镜头下的野鸟世界

　　自幼生长在高雄县乡下，当时环境尚未遭到工业化的严重污染，溪沟与稻田里鱼虾、青蛙成群，荒地和绿野间则栖息了各种昆虫；印象中，欢乐的童年便是在钓青蛙、灌蟋蟀和在路灯下捕捉甲虫等活动中愉快地度过的 。

　　虽然幼年时便经常躺在柔软的草地上，仰望着高空幻化的白云发呆，憧憬着如同鸟儿般无拘无束地自由翱翔于天际，但和鸟类结下不解之缘应该是开始于有一次台风天瞒着父母，冒着风雨抢救回飘摇欲坠的鸟巢，整夜不敢稍加松懈，却又极度生疏地当起了雏鸟的代理家长。当时对于鸟类的名称和食性、行为等均一无所悉，就在首次照顾幼鸟的任务受挫后，便兴起了认识野鸟的念头。

　　当兵时抽到"金马奖"，除了返台休假之外，整个役期都在金门度过。金门虽然到处鸟况可观，却不容许在管制区域徘徊张望，所以部分同袍视为畏途的晨昏体能跑步训练，环绕太湖一圈再回到部队，对我而言，反而成为愉快的观鸟路线。

　　投入程序设计工作几年后，蛰伏在内心深处属于野外的不羁躁动，让我开始蠢蠢不安于室。从事鸟类观察一路走来，亲眼见到台湾环境的急剧变迁，心中油然兴起记录生态环境的念头，随即辞去工作，从事鸟类生态摄影，开始过着纵横山野、风餐露宿的野夫生活。

　　本书的内容集结了十几年来我对野鸟世界的探索与记录，分别就鸟类的觅食方法与技巧、羽翼的功能与维护、繁殖与鸟巢的形态和移动行为类型等章节，将自己在野外的亲身观察以图片实例的方式呈现，最后并探讨鸟与人类、植物以至整个生态环境间的相互关系。

　　本书在图文筛选阶段，适逢父亲病危辞世。失怙之痛一度让我万念俱灰，出版进度几近停止；感谢好友吴尊贤主编、总编辑张蕙芬和所有关怀的亲友们持续鼓励，本书才得以几经波折后还能够催生出来。也感谢好友梁皆得，在百忙中抽空为吾等平庸之辈挎刀写序。

　　最后将这本书献给对家庭和子女照顾无微不至的慈爱父亲，并感谢您对我不务正业的志趣给予最大放任与支持。谨将十几年来野外采集观察的记录精粹集结成册，以告慰父亲在天之灵。

Chapter ① Breeding 比翼双飞

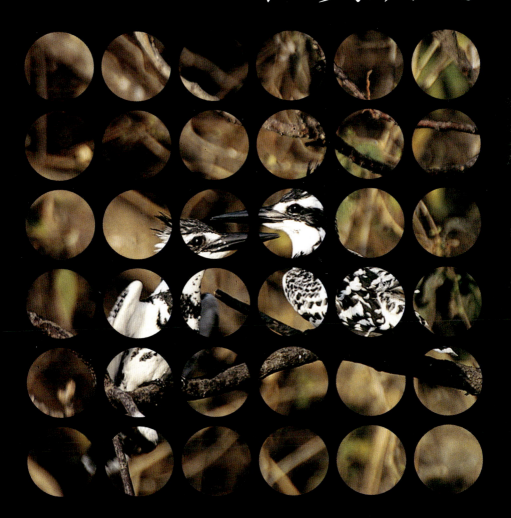

point
01

)

Chapter 1 比翼双飞

结婚的季节

The Secret Life of Birds
(Breeding & Movement)

在初春繁殖期一开始，白耳奇鹛
就积极展开求偶行为并完成配
对，此时形影不离的雌雄鸟，出
双入对共筑爱巢。

鸟类生命中首要的任务就是将自身的基因借着繁殖延续下去，而决定鸟儿繁殖时机最重要的因素便是食物，因此鸟类通常会选择在食物供给量最多且稳定的季节里繁殖，以便有足够的食物喂养下一代。

为了迎合昆虫、果实等自然食物供应的巅峰期，居住于温带地区的鸟类，通常在春季至初夏时节繁殖；在有明显干湿季交替的热带地区，鸟类的繁殖活动则与雨季同步，如此才能确保有丰富的食物育雏；而返回极地繁殖的鸟类，为了能够在很短的极昼繁殖期间内顺利完成基因延续的重任，它们在初春便开始展开求偶配对，并在返抵繁殖地后马上开始孵育下一代。因此一个地区的区域特性与气候，以及这些因素对于食物的影响，是决定鸟类繁殖时间的重要因素。

不同种类的鸟儿，配对形式也不尽相同，约有高达90％的鸟类采取一对一单配，采取此种配对方式的鸟儿大多会一起分担抚育幼鸟的责任；其余的10％则选择一对多的交配方式，包括喜爱三妻四妾的雄鸟与习惯男伴多多益善的雌鸟等。然而，无论选择何种配对方式，都无关乎感情忠贞与否，而是鸟类根据所在环境的特质与生理结构，长久以来所演进出的最佳繁殖形式。

1.斑鱼狗选择食物来源稳定的季节开始繁殖行为。

2.金翼白眉（玉山噪鹛）在繁殖初期，常借由彼此依偎和相互理羽，以展现互信忠诚与培养默契。

3.小白鹭借由产卵孵化并细心照顾呵护的下一代，将雌雄双方的基因传承下去。

4.蛇雕几乎投注了所有的资源在育雏的工作上。

point
02)

Chapter 1　比翼双飞

夫妻同心

大多数鸟类会选择以"一夫一妻"的方式繁殖育幼，通常筑巢孵卵与育雏的工作由雌雄鸟双方平均分担，但也有的由其中一方独立执行孵卵的任务，配偶则需要负起警戒守卫和供应食物等工作；也因为繁殖大计由雌雄鸟共同负担，所以子代获得的照顾也比较完善周到。一夫一妻的两性平权繁殖模式以晚成性的鸟类为大宗，因为其雏鸟刚孵化时全身光秃无毛，而且两眼未开，不能视物，唯一的反射行为是对微震的窝巢有直觉反应，抬起并摇晃纤细的头颈，接着极力张开嘴喙索讨食物。其脆弱无助的赤裸躯体需要亲鸟孵雏保暖几天后，才能独自在巢内等待双亲带回需求日益殷切的食物。

一般而言，比较长寿的大型鸟类，如雁、天鹅和部分猛禽采取固定配偶从一而终的伴侣关系，忠诚与坚贞的好处是它们经常将巢筑于同一地点或是相同领域之中，借由长期建立起的良好默契的配偶关系，与经年累月对繁殖环境的熟悉程度，其繁殖的成功概率也相对提高。正因为它们体型较为庞大，幼雏需要花费更长的抚育时间才能完全独立，所以每年唯一的繁殖机会能否成功便显得格外重要。

然而大多数行一夫一妻配偶关系的鸟类，只在繁殖期内共同生活，通常小型鸟类的寿命较为短暂，保持恒久的配偶关系并没有显著的利益。

1. 黑枕王鹟雌雄鸟共同育雏的繁殖模式，可以让幼雏得到比较完善的照顾。

2. 小䴙䴘虽然是半早成性的鸟类，但因为巢中尚有卵未完全孵化，所以当亲鸟还在进行孵卵与孵雏的同时，其配偶便需要一肩挑起带回食物喂养幼鸟的任务。

3. 大凤头燕鸥采取集体营巢并由雌雄鸟轮流孵蛋的方式，除了外出觅食之外，配偶通常站立于巢边担任警戒工作。

左页图：黑脸琵鹭对于刚孵化的雏鸟更是呵护有加，当亲鸟蹲伏在巢中孵雏时，其配偶除了外出觅食的时间外，几乎都是守候在巢边担任警戒护卫的工作；当阳光逐渐炙烈，还会体贴地微张双翅，如撑伞般帮配偶与雏鸟遮挡阳光的直接照射。由于黑脸琵鹭的恋巢性颇为强烈，对于长时间独占巢雏的配偶经常主动催促，使其起身离开以接替照护雏鸟的工作；而被催促的一方也常表现出心不甘情不愿的眷恋不舍，仍会在巢中停留片刻后才飞出去觅食。

point
03)

Chapter 1　比翼双飞

夫以妻
为贵

彩鹬雌鸟完成产卵后就会离去，并继续与其他雄鸟配对再产下另一窝蛋，而体色较为朴素且保护色良好的雄鸟，则一肩担负起孵卵和照顾雏鸟的艰巨任务。

以"一妻多夫"这种性别互换方式繁殖的鸟类，雌鸟的体型通常比雄鸟大，羽色也比较美。其中最具代表性的鸟类为水雉，水雉的雌鸟和雄鸟交配产卵之后，会留下雄鸟负责孵蛋，自己则在占领的领域中继续与其他受吸引而来的雄鸟再交配产卵。雌水雉虽不担负孵卵育雏工作，却会持续监控自己领域中数个窝巢的动静，随时驱逐外来入侵者，以保护其巢卵的安全。水雉采取此种配对方式以增加育雏的成功概率。因为水雉筑巢于池塘或草泽的浮叶植物上，随时会面临卵与幼鸟沉入水中或遭掠食者捕捉的危险，因此雌鸟必须省下孵蛋和育雏的时间，用以多交配产卵，借着巢卵数量的加倍来分散风险以提高族群的数量。

鸟类繁殖时性别倒置还有一个典型的例子就是彩鹬。生活在草泽湿地的彩鹬夫妇，雌鸟的羽色比较艳丽，花枝招展，主动对雄鸟求偶示爱，在短暂的配对生活之后，雌鸟便将产下的4-5颗蛋留给羽色朴素、隐蔽性良好的雄鸟，由雄鸟独自孵蛋和照顾幼鸟。此时雌鸟将再寻觅另一单身雄鸟，以增加产下后代的个体数量，但因为产卵也需要消耗大量的能量，所以雌鸟在繁殖期间会选择食物来源充沛的环境，努力进食以补充密集生产数窝蛋的高能量消耗。

The Secret Life of Birds (Breeding & Movement)

1.红颈瓣蹼鹬虽然也属于雌鸟羽色较雄鸟华丽的雌雄倒置配对繁殖形态，但不同的是，雌鸟产下卵之后，就不再与其他雄鸟配对繁殖。原因可能是繁殖地处于北极冻原，适合繁殖的期间短暂，不足以完成后续的求偶、配对、筑巢、产卵、孵蛋以及幼鸟顺利成长独立等各个繁殖阶段。

2.棕三趾鹑同样是雌鸟的羽色较雄鸟华丽，在繁殖季节里经常发现配对的棕三趾鹑，妇唱夫随形影不离地漫步于田间小径。

3.水雉雌鸟体态较雄鸟略微壮硕丰腴，巧妙运用一妻多夫的繁殖配对机制，由雄鸟负担所有孵卵育雏的工作，来增加成功育雏的概率。

选择"一夫多妻"配对方式的鸟类，繁殖期间雌鸟不依赖雄鸟协助筑巢、喂养幼鸟与保护领域，雄鸟在短促几秒钟的交配之后即会离去，接着由雌鸟独力抚育幼鸟。此种繁殖方式通常盛行于具有大量昆虫以及茂盛结果植物的地区，因为只有在食物供应丰盛且可以轻松觅食的环境里，雌鸟才能独自胜任艰辛的育雏工作。

另外，一夫多妻的繁殖配对形态也容易出现雏鸟为早成性的鸟种，如雉科、鸭科和部分鹬科鸟类；繁殖初期，雌鸟会大量觅食，以便有充分的能量生产出营养足够的幼鸟，只要一经孵化就身手矫健。通常这类幼鸟在孵化数小时之内便能行走、游泳，并跟随在亲鸟身旁学习以及自行觅食。雌鸟在一旁只是担任警戒和照顾的工作，当幼雏羽翼丰满并能开始独立飞行时，雌鸟对幼鸟的照顾工作才告结束。

蓝腹鹇雄鸟在繁殖季节同时与数名女眷共同生活，由雌鸟负责孵卵和照顾幼雏，而雄鸟只要巡视领域和驱赶入侵的其他雄鸟以保护家眷的安全，并不需要负责任何孵卵和照顾抚育幼鸟的任务。

左页图：帝雉和其他大型雉科鸟类，其雌雄鸟之间的体色差异颇大，雄鸟通过展示华丽的羽翼和繁复殷勤的求偶舞姿，对体态平淡素雅的雌鸟展开热烈追求，在繁殖季节，雄鸟间为了争夺地盘和争取与雌雉交配的机会，经常以脚胫上特有的尖锐距刺相互攻击大打出手。行一夫多妻繁殖机制的帝雉，其中姿态挺拔、羽色亮丽完整和求偶舞姿精湛的优势雄性个体，有机会同时受到数只雌鸟的青睐，而形成一雄多雌的繁殖族群共同生活。

金头扇尾莺采取一夫多妻的繁殖配对形态，雄鸟在其划定占据的繁殖领域，视食物供给的质量而定，最多能够同时拥有四个繁殖巢；孵蛋育雏的工作完全由雌鸟独力完成，雄鸟只要站在领域或疆界的突出枝头上，努力鸣唱以宣告领土，并不时在领土内巡视以驱赶入侵和企图争夺繁殖领域的其他雄鸟。

罗纹鸭雄鸟通常聚集在显眼的开阔水域，公开招展华丽的繁殖饰羽和彼此较量肢体行为，并对围观的雌鸟展开热烈追求。当完成交配，雌鸟开始产卵之后，雄鸟便对雌鸟失去兴趣，而另起炉灶对其他异性展开热烈的追求。

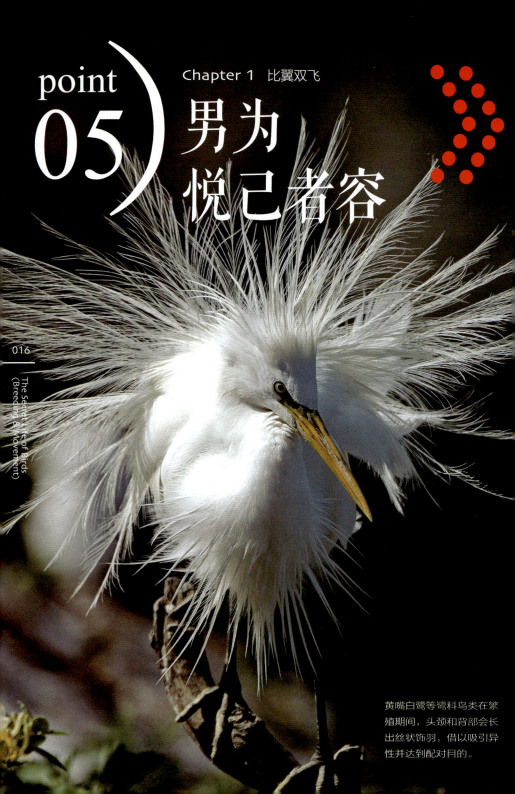

point
05)

男为
悦己者容

黄嘴白鹭等鹭科鸟类在繁殖期间，头颈和背部会长出丝状饰羽，借以吸引异性并达到配对目的。

生活于掠食者环伺的环境中，为避免发生危险，鸟类的羽色多半低调朴实且与栖息环境十分相近。但进入繁殖季节的成熟雄鸟，为了以最炫丽的外貌赢得雌鸟的青睐，会换上一身鲜艳的羽衣以吸引雌鸟的注意，这类特殊的求偶体饰包括饰羽以及婚姻色。

一到繁殖时期，许多雄性鸟儿会长出美丽的饰羽。雄性白鹭在后背长出细丝般的蓑羽，这种饰羽在求偶时可以竖起展示炫耀；牛背鹭与黑脸琵鹭则于头顶及颈前长出鲜黄色饰羽。

除了饰羽外，繁殖期间鸟类在嘴、眼先、脸以及脚等外露部位，亦会产生较原来更鲜艳的颜色变化，称为婚姻色，使鸟儿的外表看来更为亮丽迷人。

这些鲜艳的饰羽，虽为雌鸟所喜爱，却也增加了雄鸟被猎食的危险，所以在嘉年华庆典似的繁殖期结束后，雄鸟们即会换为原来较不显眼的保护色羽裳。

牛背鹭虽然在繁殖期间，头颈与背部会长出鲜黄色饰羽并持续到繁殖期结束，但是它们于繁殖初期，足部皮肤以及眼睛周边经由眼先再延伸至嘴喙基部的裸露皮肤，一直到嘴喙末端部位都将转成鲜艳的洋红色。

非繁殖羽

繁殖羽

换羽中的环颈雉。大部分的鸟类，当它们还在幼鸟或亚成鸟尚未达到性成熟的阶段，不需要肩负起繁殖的任务，因此羽色较为暗淡朴素，可以得到隐蔽性较佳的保护色效果；一旦进入性成熟阶段则马上蜕变为艳丽亮眼的一身华服，借以宣告自身已经具备繁殖能力，并借以吸引异性目光。

在台湾属于少见鸟类的黑颈䴙䴘，经常混杂于小䴙䴘的越冬群体之中，它们习性相近，羽色类似，若不仔细明辨很容易忽略。但繁殖期开始，黑颈䴙䴘的眼睛后方就开始长出鲜黄蓬松的耳羽并向后延伸，同时身上的羽色也由朴素转为亮丽。

恋爱嘉年华

The Secret Life of Birds
(Breeding & Movement)

1

1. 公鸳鸯借着展示和炫耀华丽的繁殖饰羽，使出浑身解数，以期能够从环伺的对手中脱颖而出，成功吸引族群量较稀少的雌鸟，以获得配对繁殖的机会。

2. 雌雄性别倒置的彩鹬，其雌鸟羽色艳丽，常主动借着展示羽翼的肢体动作，并发出求偶鸣叫，以吸引雄鸟进行配对繁殖。

为了抚育出健康的下一代，鸟儿们当然会选择最佳的伴侣进行配对，而这选择权通常掌握在雌鸟手中。雄鸟为了让雌鸟明白自己具备身强体壮、觅食能力一流等优秀特质，在繁殖期间会做出一些特别的求偶行为，例如炫耀鲜艳的饰羽、鸣唱求爱乐章、搭筑坚固的窝巢、供应配偶食物以及舞弄精彩的求偶舞等，竭尽所能大献殷勤。

粉红燕鸥在选择配偶时，会借着双方繁复的互动和舞步，以考验雄鸟的诚意并培养彼此的默契和协调性。

繁殖季初期完成配对的褐头凤鹛，常借着依偎紧贴和互相理羽的亲密行为，来巩固配偶之间的坚贞感情。褐头凤鹛通常以集体互助的"合作生殖"模式，来进行孵卵与育雏的繁殖阶段。加入合作生殖的繁殖配对常将卵共同产在相同的巢内，成员之间则不分彼此、毫无私心地分担孵卵与育雏的工作，基于族群的共同利益以增加繁殖的成功概率。

3.台湾鹎雄鸟在繁殖求偶期间经常面对雌鸟，并向身后伸展张开的双翅，同时引颈抬头，张嘴发出响亮而柔美的求偶鸣啭，并向其他雄鸟示警与宣告领域。

4.环颈雉站立于明显突出的土丘高处抬头挺胸，并大幅度且快速地鼓动双翅，借以压缩空气制造出一连串的气爆声响，紧接着引颈高声鸣叫，以对雌鸟求偶示爱，并向其他雄鸟宣告领土的所有权。

point

07

Chapter 1 比翼双飞

歌唱
擂台

鸟类利用鸣管发出声音来传达信息，主要分为鸣叫和鸣唱两种形式；鸣叫的音节简短，大抵上是作为联络、呼唤、警戒、示警等信息之传递，而鸣唱则富有繁复婉转的旋律，并具有长且重复的音节，多半用于求偶或是宣告领域并警告竞争者等用途。

　　通常雄鸟需要负责建立并保护以繁殖为目的的领域，借由高踞在显眼的枝头高声鸣唱，一方面吸引循声前来探视的雌鸟，另一方面则是向其他雄鸟宣告繁殖领域的所有权，同时警告觊觎领土的竞争者不要擅越疆界，否则将被驱离，而这两个作用都是以顺利繁殖下一代为最终目的。

　　在求偶期间，雄鸟会频繁鸣唱，时间多在清晨与黄昏，其鸣声的音量与质量，是大部分雌鸟择偶的重点。雄鸟的鸣声大，音调美妙，表示拥有强健的体魄，可以繁殖出健康的下一代。不过鸣唱时容易暴露雄鸟的所在位置，若缺乏足够体力与应变能力，则可能丧命，因此也可视为雄鸟勇气之展现。

1. 棕脸鹟莺因为体型娇小，又生活于阴暗丛薮树林之中，因此只能靠宛若悦耳银铃般悠扬的鸣唱声以吸引佳偶青睐。

2. 台湾特有鸟种的台湾短翅莺又称为电报鸟，虽然娇小，但如同打电报般"滴滴—滴—滴"的悦耳鸣唱，却能够传播悠远。

3. 小云雀属于开阔草原性鸟类，擅长在高悬空中时边飞边高声鸣啭，其歌声悠扬悦耳，而赢得"半天鸟"的美称。

左图：白头鹎雄鸟正对着雌鸟进行求偶鸣唱，鸣啭到激情处时摇摆转动身躯，伴随着微张颤动双翅；当雌鸟有意与其配对时，则紧盯着雄鸟，并适时加入鸣叫，偶尔也会掀动翅膀加以响应。

point 08)

The Secret Life of Birds
(Breeding & Movement)

Chapter 1　比翼双飞

爱情舞会

　　有些鸟类会以更具视觉与动态效果的求爱舞蹈来吸引异性注意。例如雄性燕鸥会在雌鸥身旁大跳求偶舞蹈，以夸张的踏步与鼓翅赢得雌鸟的欢心，并献上作为巢材的树枝与新鲜的小鱼，除了向雌鸟表达爱意，也是共筑爱巢的承诺和具有优异猎捕食物技艺的保证；如果雌鸟接受此份馈赠，就会适时加入雄鸟的求偶舞步，双方下压双翅并反复来回绕圈踏步，以取得动作的协调，那么这两只鸟儿很可能在这个繁殖季中育雏成功。

雄鸟有时也会脱离求偶展示群体，进行单打独斗的求偶策略，不过若雌鸟缺乏兴趣，它们就会闪躲回避并快速离开。对于持续纠缠不清的雄鸟，雌鸟有时候会严厉斥责，或是趋前追击加以断然拒绝。

鸳鸯雄鸟经常聚成群体展示求偶，借着优雅划水和极力招摇艳丽的羽毛，彼此间较量展示动作和华丽姿态，期望俘获雌鸟的芳心。通常雌鸟主动游近雄鸟群体，以伸直头颈压低并平贴水面的交尾姿势，发起求偶展示舞姿。雄鸟会竖起翼端特有的帆羽，同时挺直头颈并将下嘴喙贴紧喉部，以显出后颈流苏状的细致饰羽，再以嘴喙向下周期性地点水，同时发出细微的叫声，优雅游荡在雌鸟的周围。

在无人岛上繁殖的粉红燕鸥，于五月份纷纷抵达，选定并占领适合筑巢产卵的每一块地面。往往看似荒僻燥热了无生机的光秃小岛，经常聚集了成千上万的繁殖燕鸥群体，比邻而居的巢穴摩肩接踵，紧紧相依。据观察，燕鸥通常不在筑巢的荒岛上直接进行求偶交配仪式，而经常选择远离巢位的平缓沙滩，或是汪洋中的沙洲环境来进行。

它们借着抬高头颈和下压微张的双翅，并以夸张踩踏双脚的舞步面对面往返绕圈；求偶舞步的仪式每次长达数分钟，而且同一对配偶间，在高峰期一天最多能进行数十次求偶舞仪式。雄鸟也经常叼着刚捕获的小鱼当作礼物，馈赠给雌鸟当作巩固双方感情的伴手礼，或是作为具有优异捕食技巧的履约保证。约至五月底，粉红燕鸥的巢位与繁殖配对就会大致确定。

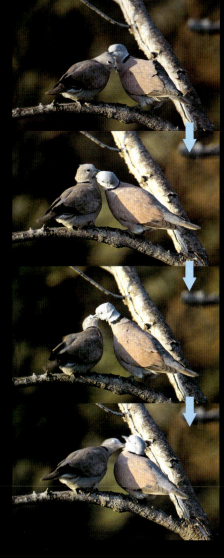

火斑鸠雄鸟鼓胀着喉部，发出"咕咕—咕—咕"的连续求偶叫声，并挺起胸膛持续点头如鞠躬般，对着雌鸟亦步亦趋地展开热烈追求。当雌鸟被雄鸟的诚心与毅力打动，一改先前的冷淡态度，开始与雄鸟进行亲密的肢体互动行为，由被动接受雄鸟的碰触，到放松身心享受搔抓理羽的温柔抚触，继而主动回馈雄鸟，进行温馨的配对互动，又一配对佳偶就此形成。

雄鸟会借着食物馈赠的方式，展现自己有优异的觅食能力，以讨好雌鸟达到求偶配对的目的。在繁殖期间，雌鸟也会主动向雄鸟做出索食的动作，除了是完成配对后加强伴侣间亲密关系的确保行为，也表明待字闺中的雌鸟积极主动试探雄鸟是否有意愿与其配对，并测验雄鸟是否符合其择偶的条件；当然也不乏投机的雌鸟，想要得到免费的午餐而刻意摆出乞食动作。

　　相反地，某些雄鸟也会对雌鸟做出相同的索食动作，其真正原因并不清楚，猜测可能是想要激发雌鸟育雏的母性本能，以达成求偶配对。

白头鹎张开并轻微晃动嘴喙来乞讨，还会发出如同幼鸟索食般的轻声细语，希望借由配偶的食物馈赠，来巩固繁殖配对的亲密关系。

黑枕燕鸥雌鸟面对咬着小鱼而急欲追求配偶的雄鸟，表现出企求食物的低伏姿势。然而雌鸟不一定是真心愿意共筑爱巢，有可能只是想要骗取一顿免费的午餐。

粉红燕鸥雄鸟在繁殖期间，对于长时间蹲卧在窝巢而不能外出觅食的配偶，会提供新鲜小鱼作为馈赠的礼物。

Chapter 1 比翼双飞

保卫家园

The Secret Life of Birds
(Breeding & Movement)

为了争夺仅容立锥的栖身之地，
中杓鹬等水鸟也开始争吵不休，
甚至不惜大打出手。

鸟类的世界看似和平无争，其实同类间的纷争与冲突场景时时上演。鸟类需要领域用于觅食、栖息及筑巢育雏，才能确保自己、配偶与幼鸟可以取得充足的食物，并且不受其他同类的干扰。鸟类所需领域的大小与鸟的种类及环境所能供应食物的多寡有关。

群栖的鸟类如燕鸥，所需的领域较小，大约是鸟儿栖息于巢内，鸟嘴可及的范围；猛禽类所需的领域则大得多，由数十至数百平方千米不等。当地盘遭到其他鸟类侵入时，雄鸟们轻则出声威吓，重则大打出手，以保护其领域。在求偶期间，为顺利吸引雌鸟的来到，雄鸟会时时高声鸣唱以宣示地盘，并驱逐接近其领域边缘的其他雄鸟。

灰背棕鸟又称为噪林鸟，顾名思义，它们是喜爱喧嚣热闹的活泼鸟类，并经常为了食物而争执不休，甚至利嘴相向。

彩鹬虽然平时隐匿低调，一旦护子心切，就算面对体型比自己稍大的黑水鸡，也丝毫不退缩。它们伏低上身，将双翅展开，使外观显得更加庞大，并露出翼面华丽的斑纹，借以吓退黑水鸡。

point
11)

Chapter 1　比翼双飞

宣示主权

一些领域性强烈的鸟类，会划定占据一个适当大小的区域，当作自己觅食或繁殖的领域。领土太小则提供的各种资源有限，不足以供应养家糊口的基本需求，领土太大则导致领主为了巡视领域、宣告主权和驱逐入侵的邻居，常常使自己疲于奔命。

当鸟类希望独享某一特定空间、水源或食物资源时，也会划定暂时性的领域范围，并试图驱离其他入侵的鸟类。

鸟类在对峙和威吓对手时，通常会挺立躯体、昂首阔步或伸展羽翼，使自己显得相当壮硕庞大以恫吓对手，并发出具有威胁性的遏阻叫声，以宣示自己的主权，希望对方就此知难而退。

1. 这只棕头鸦雀将巢筑在菠萝田边的芒草丛里，辛勤抚育着嗷嗷待哺的四只幼雏。亲鸟们除了必须源源不绝供应昆虫食物外，出于护子心切，在母性的本能驱使下，对靠近鸟巢的白头鹎也要张翅威吓。

2. 翠鸟在经常捕捉鱼类的水边栖枝上，张开双翅并且紧紧盯着入侵领域的其他同类，同时发出警告鸣叫声，试图借着虚张声势，让入侵者知难而退。

3. 鸺鹠虽然体型娇小，却是凶猛的掠食性鸟类，以伪装成为树瘤的姿态躲避日行性掠食动物的侵扰，一旦被识破便立即飞离脱逃，有时也会使全身羽毛鼓胀蓬松，让自己显得格外庞大，同时出声威吓，以吓退天敌。

左页图：黄嘴白鹭集体营巢于无人荒岛的低矮灌丛。当争执发生时，双方对峙互不相让，同时竖直饰羽、伸展双翼，使自己显得壮硕庞大，并且发出尖锐凄厉的警告声以恫吓对手，误入领域的一方通常会随即自行退让。

The Secret Life of Birds
(Breeding & Movement)

point
12)

Chapter 1　比翼双飞

动口
不动手

　　一旦鸟类的领域、配偶、巢材或食物等遭到
侵犯时，鸟类通常会发出含有攻击与警告意味的
急促叫声。希望借着喋喋不休的聒噪叫骂声与同
步进行的侵犯性警告动作，来驱逐侵入者，并尽
量将争执控制在相互叫嚣的动口不动手之范围
内，希望对手能够知难而退。

这一对孵卵中的黑脸琵鹭，面对恶邻黑尾鸥的来势汹汹，可说是无妄之灾从天而降。黑尾鸥之所以咄咄逼人，原因就在于它的幼鸟属于半早成性，孵出不久就能够顶着全身细致的棕色绒毛，步履蹒跚摇摇晃晃地离开巢位四处游荡，而亲鸟带回食物时则是凭借着亲子间彼此熟悉的叫声当作寻亲的依据。每当黑尾鸥的幼鸟懵懂无知地依附在黑面琵鹭的巢边，遍寻不着且心急如焚的亲鸟，便将黑脸琵鹭当作绑架嫌疑犯，而声色俱厉地大加挞伐。

　　黑脸琵鹭在无人岛上繁殖，它们选择断崖边、岩壁凹陷处当作巢位所在，而人迹罕至、鲜少骚扰的荒僻岛屿，也是黑尾鸥和黄嘴白鹭的理想繁殖环境。

　　在这座蕞尔小岛上，每当繁殖期间总是聚集了数以千计的繁殖鸟类，密布在每一处可供利用的地面与低矮灌丛之间。黄嘴白鹭用树枝堆叠成浅盆状的巢，构筑在离开地面的枝丫分叉处，以防止湿气与地面的掠食动物侵扰；而黑脸琵鹭则直接在地表上铺枝条，形成略凹的浅盆状作为产卵育雏的处所。

　　在巢多拥挤的状况下，同种或不同鸟种之间的互动便显得格外频繁，黑脸琵鹭雄鸟一方面体贴地帮孵卵的雌鸟阻绝烈日的曝晒，同时还得不时面对楼上黑尾鸥夫妇的叫骂并适时回应；有时，孵卵中的黑脸琵鹭雌鸟也会按捺不住并加入声援的行列。有趣的是，雄鸟可能是怕孵蛋中的雌鸟过于激动，还会中断叫骂，不时伏低姿势轻触雌鸟的背部，并轻声安抚。

Chapter 1　比翼双飞

高手过招

野鸟的世界里，每当争执的双方势均力敌，即使威吓与驱逐行为仍无法使其中一方打退堂鼓时，正面冲突势必一触即发，短兵相接是最后无计可施的手段。

一般鸟类打架时，再激烈的争斗也很少出现头破血流的场面，通常经过交手的同时，双方的实力高下立判，弱势的一方会马上放弃打斗趁机逃离，但倘若其中一方意志坚定宁死不退，为避免造成身体的伤害，在缠斗数回合之后，另一方也会尝试拱手退让。

连续好几天躲藏在掩蔽帐内记录苍鹭的生态，但一直很不理想，直到准备离开的那一天，远处的苍鹭为了驱赶另一只擅闯领域的同类，也许是已经适应了镜头的跟拍，两只剑拔弩张的苍鹭根本无暇他顾，任由镜头的极度摇晃紧盯，依然我行我素地开打。只见帐外水花四溅、风声鹤唳之际，帐内相机快门也打得火热，就在仅剩的十卷正片全数消耗殆尽之后，我只能先举白旗宣告停战。

在资源有限的状况下，燕雀为了争夺水权的优先级，原本群体生活融洽密切的合群鸟儿，也会声色严厉作势开打，然而通常也仅限于轻咬嘴喙、点到为止，不会将局面演变到你死我活的生存争斗。

离巢才仅仅一两天的翠鸟幼雏，还得继续依赖双亲的食物供应，虽然一出巢洞就已经具备飞翔的能力，但是对于猎捕鱼类的技巧，则仍然需要学习与磨炼，才能精炼猎捕的成功率。有时它停栖在生活于共同环境的其他成鸟身旁，并且主动靠近示好，还展现出索食行为，然而这只非亲非故的雌鸟非但不领情，还会马上以利喙相向，丝毫不留情分地对着幼鸟戳刺衔咬扭转，以迫使其后退，也许这是鸟类世界里教育幼鸟不要轻易接近陌生者的宝贵课程。

point

14)

Chapter 1　比翼双飞

追赶跑跳蹦

036

The Secret Life of Birds
(Breeding & Movement)

在进行繁殖行为时，鸟类捍卫巢卵与幼雏的决心是无比坚定的，每当不识趣的入侵者闯进巢区警戒范围，或过于靠近幼雏而有侵犯之可能，经鸣叫示警后仍滞留不去，基于保护其后代的安全以延续基因的传承，大部分鸟儿会马上起身追逐驱赶入侵者，并同时发出凄厉的警告威吓声。

同类的鸟种之间，通常对彼此繁殖的领域具有相互尊重的默契，遭到驱赶后，入侵的一方通常会识趣地退出领域范围，除非该领域的原占有者过于衰弱或状态不佳，才会让入侵者有机可乘。

黑卷尾攻击蹲卧巢中照护雏卵的黑冠鹃亲鸟。

黑水鸡在繁殖季节对于捍卫领域的决心较为强烈，尤其是孵卵和育雏的阶段，对入侵领土且有威胁雏卵顾虑的同类，往往会使出全力，竭尽所能地加以追赶驱逐。

黑枕王鹟和黑卷尾将巢筑在靠近蛇雕巢边的位置，从此每日面对庞然大物，并不时飞扑作势驱赶。

类在繁殖期间极力保护有限的筑巢领域范围，白顶玄燕鸥对于入侵位于陡峭岩壁巢区的同类，毫不留情地加以驱赶。

point

15)

战胜
自己

The Secret Life of Birds
(Breeding & Movement)

对鸟类等单纯的直觉式感官动物而言，镜中的虚实世界，是它们完全无法理解的东西。领域观念特强的雄鸟们，发现汽车后视镜、岔路旁的凸透镜或是建筑物反光玻璃中，甚至只是不锈钢配电箱上，映照出与自己相同容貌的不速之客时，总会带着好奇与敌意，试探性地对其展开威吓甚至发动攻击。它们误认镜中的自我为敌人，认真地驱赶与发动攻势，相对地也受到镜子里不断回击的鸟儿威吓而逃开。每当鸟儿发现此类疑似入侵领域的乌龙事件之后，便会显得耿耿于怀，几乎每天定时或不定时前来关切此入侵的镜中分身，直到被其识破，或是转移、放弃该领域范围为止。

种植谷物的旱田中，矗立着这座不锈钢电源箱，繁殖季节里每天都会吸引一只雄性山麻雀前来关切，并驱赶攻击光滑镜面里所映照的入侵者影像。这对山麻雀划定这片山坡地为其繁殖领域范围，还利用啄木鸟使用过的废弃树洞作为巢室。当山麻雀巡视领土，并在不经意间发现这个闪闪发亮的盒子里面竟然住着另一只雄性山麻雀，公然挑战领主的权威时，单纯的山麻雀便耿耿于怀，每日不定时前来探视，并围绕着电源箱四周，以脚爪搔抓、利喙啄击，每天花费不少时间和精力，只为了赶走这个镜子中的虚幻敌人。

左页图：五月份在合欢山工作完毕，欲返回车上移动到其他拍摄地点时，远远就看到黄腹树莺激动地扑打着同伴车窗玻璃里所映照的容颜。在繁殖期间，鸟类通常对于领土有非常强烈的主权捍卫决心，非得将任何疑似入侵的同类雄鸟驱逐出境，也要确保自己的繁殖领域不能遭受侵犯。

1. 棕脸鹟莺停栖在汽车后视镜上，对于挡风玻璃上映照出自己的容颜感到纳闷。在它们小小的单纯脑袋里，这个同类的形象只是另一个入侵领域的不速之客。

2. 在谷关文山温泉饭店的停车场边发现这只爱照镜子的北红尾鸲，它喜欢站立在后视镜上，然后再往下飞扑，并奋力拍翅使自己悬停在镜子前面，以脚爪搔抓镜面，并不时以前胸顶撞，再加上双翅扑打，作势攻击镜中的鸟影。

3. 为了记录金门的野鸟影像，几乎每年都会停留工作一段时间。有一回投宿在山外太湖边的民宿，每天清晨天刚微亮，窗外就会传来"叩叩叩"不规律的响声，起初不以为意，一直以为是风吹动敲击窗户造成的声音，再加上一向奉行把握清晨柔和光线拍摄的工作理念，便匆匆梳洗急忙出门。在金门停留的最后一天，提早结束了野外的工作，回到住处打包行李准备搭机回台湾，此时窗外的"叩叩叩"的声音又再度响起，心想虽然即将回家了，还是要搞清楚状况，以免日后心中挂念。于是慢慢掀开厚重的窗帘，窗外的一幕令人不觉莞尔，原来是白头鹎从窗户玻璃上看到映照的影像以为是自己的同类，因此每天必定准时前来报到，向镜子里的容颜打招呼。

Chapter ② Breeding 奇妙鸟巢

point
01

Chapter 2
奇妙鸟巢
筑巢
看风水

　　鸟类在繁殖期间才会出现筑巢的行为。当雄、雌鸟准备交配生蛋前，需先将巢穴备置妥当，它们的巢穴可说是专为安置卵与幼鸟而搭筑的，是孵化卵与哺育雏鸟的专用场所，也是鸟类最具代表性的栖息环境。

　　每一种鸟筑巢的地点、材料与形状皆不尽相同，甚至可说差异甚大。筑巢位置的选择相当重要，因为巢穴的安全与否，关系着幼鸟能否在无侵扰的状态下顺利生长。鸟巢的地点选择，通常由雄鸟引导雌鸟至适当的地点，再由雌鸟来作最后的评估与决定。由于巢穴中的卵与幼鸟毫无反击能力，相当容易遭受其他天敌的袭击，所以鸟类筑巢时会尽量选择隐匿且安全的地方，例如树枝顶端、灌丛、树洞、土洞、石缝等，以防止掠食者入侵，同时也避免疾风恶雨的伤害。

在辽宁省沿海的无人小岛上，由于很少有能提供筑巢材料的合适植物，因此黑脸琵鹭经常要远赴他处，才能逐次收集到足够的材料筑巢，而筑巢工作通常由雌雄鸟共同完成。虽然雌鸟已经进入孵卵阶段，求好心切的配偶还是会勤奋不倦地补充巢材，就算只是一段不起眼的残缺枝条，雄鸟也会将它当作礼物，谨慎隆重地馈赠给卧巢中的雌鸟。而雌鸟在配偶归巢递交树枝的瞬间，会兴奋地竖直头顶如发冠般的饰羽，迎接雄鸟馈赠的礼物。黑脸琵鹭对于繁殖巢的维护可谓不遗余力，除了持续增添巢材之外，更会殷勤地清理巢室，经常不定时地用嘴喙将杂物抛出巢外。

五色鸟（台湾拟啄木鸟）在干枯松软的刺桐树干上，用坚硬的嘴喙一口口挖出繁殖巢洞。随着巢洞通道的慢慢加深成形，五色鸟必须将身躯逐渐没入洞口，然后再费力地倒退身躯，以将满嘴的木屑反身吐出洞外。

巧夺天工育婴房

鸟巢最重要的功能就是为卵与幼雏提供保暖与庇护，它的形状须与抱卵亲鸟的腹部紧密贴合，不能使卵暴露于外而遭受失温的危险，所以鸟巢的外观与大小会配合亲鸟的体型与抱卵的习性来设计。就算使用的材料相似，每一种鸟筑出的鸟巢外观仍有所不同。

灰背鸫等鸫科的鸟巢是以细枝和草茎编成的碗状巢。

中华攀雀以杨絮和柔细纤维编织成悬壶状的巢。

黑枕王鹟的巢型为小巧拥挤的杯状巢。

草鹭以倾倒的芦苇茎秆平铺堆叠成盘状巢。

喜鹊巢夸张地构筑在庙宇之上。

Chapter 2　奇妙鸟巢

爱心布置
鸟摇篮

The Secret Life of Birds
(Breeding & Movement)

台湾鹛以草茎和穗秆
作为筑巢的材料。

鸟类会以生活中常见的动物性或植物性材料来筑巢。树枝、叶子、草及植物性纤维等由于容易取得且方便加工，是鸟类最常使用的巢材。燕子会以湿泥与细碎枯草混合唾液为巢，小型林鸟则会以苔藓、地衣、蜘蛛丝等材料固定于巢的外侧，使巢的纹理与巢树相似，以达到伪装的效果。

居住于人类聚落附近的鸟儿也会以人造材料为巢材，其中以坚韧耐用的塑料绳或人造纤维等最常被使用。

为了避免脆弱的蛋与尚未长出羽毛的稚嫩幼鸟被粗糙的巢壁刮伤，细心的亲鸟在完成巢的整体结构后，会在巢内（产座）铺上柔软又保暖的衬里，鸟巢内衬常见的材料有兽毛、羽毛、苔藓、细草与树叶等。

火冠戴菊搜集其他鸟类脱落的羽毛当作巢衬材料。

蛇雕折咬树枝当作筑巢材料。

大胆的山雀在苍鹰巢中，捡拾被吞食下肚的受害者留下的羽毛，带回巢中当作柔软的衬垫材料。

白顶玄燕鸥与同类争夺被潮水打上岸的珍贵巢材，它们通常会将少量的茎叶、细枝点缀在岩壁上的巢位。

洋斑燕在积水泥地衔咬泥土，并混杂少量细碎的禾草茎叶作为筑巢材料。

煤山雀等山雀科鸟类，喜欢搜集和利用兽毛当作温暖柔软的巢衬材料。

小卷尾的巢以纤维、树叶为主，并使用蜘蛛丝作为黏结材料。

河乌的巢使用植物茎叶、树根、纤维和苔藓等材料

黑枕黄鹂的巢以禾草茎叶、树皮纤维和少量蜘蛛丝编织黏结而成。

黑水鸡撕裂香蒲的叶片当作筑巢的材料。

褐头鹪莺精致的布袋状巢，以撕成长条状的细草叶编织而成。

褐喉沙燕虽然挖掘沙穴为巢室，但还是会衔咬禾草茎叶，甚至塑料袋绳当作巢衬，由崩落损毁的巢穴可以一窥巢内细节。

Chapter 2 奇妙鸟巢

地上
婴儿床

The Secret Life of Birds
(Breeding & Movement)

黑嘴鸥的巢位选择在植丛边缘，并铺垫以厚实的草茎作为巢衬材料。

栖筑于地上的巢穴，位置不如树上或洞穴中的鸟巢安全，为避免遭掠食者入侵，这类的巢通常拥有绝佳的伪装保护。为了不引起注意，巢的外形相当简陋，仅由数块石子、草茎或落叶围成，而且巢中的蛋具有与环境相似的保护斑纹，隐匿性高。此外，孵蛋亲鸟的体色也多半灰褐暗淡，与地面配合得天衣无缝，只要蹲伏其中静止不动，就算掠食者近在咫尺也很难被发现。

白额燕鸥将巢直接构筑于裸露的地表略凹陷处。

黑枕燕鸥位于玄武岩环境的巢卵与刚孵化仅数小时的幼雏。

燕鸻在旱田泥地上的巢，只用极少的碎石子和茎叶组成。

红脚鹬的巢位于矮植丛中的地上，仅以少量草茎作为巢衬。

黑枕燕鸥位于珊瑚礁地上的巢，巢衬是比较小的砾石。

环颈鸻将卵直接产于沙地、砾石滩或是瓦盘盐滩的地表上，只点缀了几颗细碎的小石子当作巢材。

竹鸡在草丛里营巢，将卵产在衬以少量枯草茎叶当巢材的地表上。

point 05) 草丛育婴房

The Secret Life of Birds
(Breeding & Movement)

草鹭将巢筑于树林间的空地草丛中   巢位的隐蔽性良好且入口隐秘   即使偶有人畜经过巢边也能安然无羌

生活于草原中的鸟类，它们就近取材，以草作为筑巢材料。通常这类鸟儿的筑巢技巧较高，能编织出坚固细致的袋状巢，不仅外观与枯草颜色相似，又常悬挂隐藏于茂密的草丛中，隐蔽效果绝佳，不易被天敌发现。

虽然这几种草原性的鸟类彼此的生活领域重叠，但是它们利用草地环境筑巢的细节不尽相同，例如小云雀喜欢空旷的草原，多半将巢筑于紧贴着低矮植丛边缘的地表凹陷处；鹪莺与小鸦鹃则偏爱在禾本科浓密的茎叶间筑巢，只是小鸦鹃的巢体积巨大，因此倾向于选择覆盖率较大的植丛来筑巢。

小鸦鹃喜欢在浓密的草丛中，以长草茎叶构筑成相当于篮球大小的中空巢室。

小云雀以当地环境的茎叶作为材料，直接将巢构筑于矮草丛的凹陷处，隐蔽性良好且不易被发现。

在草丛凹地筑巢的环颈雉，以枯草茎叶和少量羽毛当作巢衬。

褐头鹪莺小巧如布袋状的巢位于草丛中。

棕头鸦雀的巢位于草丛或低矮的灌丛中。

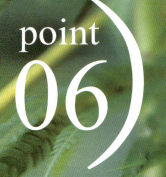

Chapter 2　奇妙鸟巢

灌木育婴房

许多鸟类会选择在经常栖息与觅食的灌木丛中筑巢，这是由于灌木丛的枝叶茂盛，隐蔽效果极佳；而且位于灌丛中的巢位具有一定的高度，不易受到水患的侵扰，就算是雨季来临也大可高枕无忧。而某些灌木丛在枝干上密密麻麻地生长着尖锐的小突枝，更犹如天然的刺篱栅栏般，阻挡了树丛外虎视眈眈的掠食者。

赤胸鸫在大型蕨类灌丛的主干顶端枝条分叉处筑巢，以草茎、树叶、苔藓和植物纤维作为筑巢材料。

黄嘴白鹭将巢筑在灌木丛底层，以厚实巢材垫高。

玉山雀鹛将巢筑于箭竹的低矮灌丛之中。

灰背鸫将巢筑于多刺灌木的主干分叉处。

筑于枫香低矮苗木枝叶间的领雀嘴鹎鸟巢。

红头穗鹛喜欢将巢筑于灌丛与草丛环境中。

棕背伯劳喜欢将巢筑于浓密灌丛中。

黑枕王鹟常在蔓藤纠结的阴暗丛薮环境中筑巢。

凤头鹰在龙眼果树上
以枯叶堆砌形成平台
状的鸟巢。

point
07)

Chapter 2　奇妙鸟巢

乔木上的摇篮

对于树栖性的鸟类而言，筑巢的最佳地点便在树上。鸟儿通常将巢位选在树枝分叉且枝叶茂密处，如此可兼顾鸟巢稳固与隐匿的需求。

鹰科与鸦科鸟类通常选择在树冠以下的枝干分叉处筑巢，巢主要以树枝构筑而成，若无外力干扰或天灾的破坏，它们会年复一年使用同一个巢位，经过不断修筑增建，巢座会越来越大，直到不堪负荷而压垮巢树之后，它们才会再另行寻觅筑巢地点。鹭科鸟类也会群聚于树枝上繁殖，但巢仅由简单的几根树枝架构而成。

1. 喜鹊构筑于木麻黄上经年累月使用的大型巢。
2. 虎斑地鸫位于粗大枝干分叉处的鸟巢。
3. 山斑鸠将巢筑于乔木中上层树枝分叉处。
4. 中华攀雀的巢以植物纤维及杨絮为巢材。
5. 黑短脚鹎筑于高大梧桐枝梢的鸟巢。
6. 黑冠鹃在乔木侧斜枝干分叉处筑巢。
7. 黑枕黄鹂喜欢将巢构筑于高大乔木的细枝末端。

Chapter 2 奇妙鸟巢

树洞
育婴房

三宝鸟以阔叶树林的天然树洞为巢。

洞穴式的巢拥有许多优势，其一，可避免卵或幼鸟直接遭受风雨侵袭与太阳曝晒；其二，接近密闭的巢中，温度变化不大，具有保温效果；其三，幼雏隐匿于洞中，天敌不易发现，就算发现了，由于洞口过窄也不易进入捕食幼鸟。

近年来，随着环境的快速开发与破坏，适合筑巢的枯木与天然树洞难觅，依赖树洞繁殖的初级洞巢鸟（自行挖洞筑巢），如啄木鸟、五色鸟，和使用初级洞巢鸟的旧巢和天然树洞筑巢的次级洞巢鸟，如三宝鸟、山雀、戴胜等鸟类，其繁殖受到很大的影响。

五色鸟在枯死的刺桐树干上凿洞营巢。

戴胜除了利用人类住屋的缝隙筑巢之外，也经常以天然树洞为巢。

白背啄木鸟生活于中海拔山区，在高大乔木的树干上凿洞为巢。

point
09

Chapter 2　奇妙鸟巢

土洞
育婴房

位于坚硬土壁上的斑鱼狗巢洞。

河岸或壕沟的沙质松软壁面，甚至只是土木建筑工地的大型沙堆，都可能是褐喉沙燕的理想筑巢环境。

有些鸟类会选择在较松软的土壁或沙壁上挖出隧道似的土洞为巢。常在水泽附近垂直土壁筑巢的翠鸟，会将单独的巢洞隐藏在植物枝叶的遮蔽之下。栗喉蜂虎与褐喉沙燕为了降低风险，繁殖时会选择大片土壁，群聚一起挖洞筑巢。这些土洞保有前述洞穴巢的优点，洞中的幼鸟危险顾虑较低，可以慢慢生长至羽翼完全丰满，甚至只要跃出巢洞口，本能上就具备了优异的飞行能力，所以离巢的时间通常比其他种类巢型的幼鸟稍久。

翠鸟将巢洞筑于靠近猎食场所的土岸垂直壁面上，但由于河川整治，天然河岸几乎从此销声匿迹，因此鱼池、土堤甚至河川护岸的水泥驳坎上排列整齐的塑料排水管内，都可能成为翠鸟的筑巢环境。

point

10)

Chapter 2　奇妙鸟巢

岩壁
育婴中心

许多海鸟会群集于岩壁上筑巢，如此可以避开许多地栖掠食者的侵扰。其鸟巢的外观相当简陋，多在低洼处以贝壳、石子等草草围住即告完成，巢与巢之间的距离相当近。海鸟们借着集体的力量注意监视来自天空的入侵者，必要时就群起围攻以护卫彼此的幼雏。

选择在陡峭的岩壁上筑巢，除了可以避开掠食者的威胁之外，另一个好处便是，几近垂直的陡峭壁面受到强风吹袭后，会产生向上流动的空气，有助于鸟类在起飞时获得额外的浮力，以进行省力的飞行。

黑枕燕鸥在玄武岩的无人小岛上繁殖，通常选择在峭壁边缘的空旷地面上直接产卵，其筑巢材料非常简单，仅以少量细碎的小石子点缀其中。

小燕尾将巢筑于突出岩壁的下方，以苔藓和植物细根作为筑巢的材料，贴附于岩石的表面，形成既隐秘又安全的繁殖场所。

黑嘴鸥雏鸟攀附在险峻岩壁的边缘，等待亲鸟喂食。

上图、左页图：无人荒岛上黝黑的玄武岩直立壁面，恰好为燕鸥提供了安全无虞的筑巢环境，其中澎湖大小猫屿更因燕鸥保护区的规划与成立，让繁殖其中的白顶玄燕鸥与其他海鸟受到更严格的保护。

烟腹毛脚燕常集体营巢于中海拔山区的陡峭岩壁之间，偶尔也会利用人造结构物的壁面筑巢。

point 11)

Chapter 2　奇妙鸟巢

土壁育婴房

部分在丛薮间活动或是地栖的树林性鸟类，如棕颈钩嘴鹛、八色鸫、白眉林鸲等，会将巢筑于邻近地面的陡坡、土壁等凹陷处。这类环境通常表面密布灌丛、苔藓、蕨类和落叶等天然素材，在此筑巢的鸟类就地取材，建构洞口与表面等高的巢位，隐蔽效果十足，不容易被天敌发现。

棕颈钩嘴鹛将巢筑于土壁凹陷处，或者依附在壁面悬垂覆盖的茂密植物茎叶之间。

The Secret Life of Birds
(Breeding & Movement)

八色鸫的巢位于接近地面的陡坡上，以草叶根茎为材料，隐匿在充满了树枝落叶或苔藓的环境之中。

白眉林鸲的巢隐匿在覆盖着茂密植物的土壁之中。

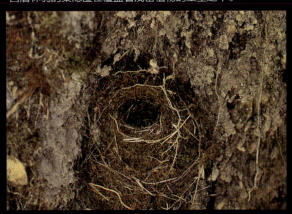

鹪鹩将巢筑在高海拔山区贴近地面的土壁向内深陷处，以细根苔藓编织缠结而成。

point
12

Chapter 2 奇妙鸟巢

水边、
婴儿床

生活于池塘或湖泊等湿地边的鸟类，习惯在水域环境中觅食与活动。它们常会选择在水泽边的茂密草丛里筑巢，不仅离觅食的水域近，地点也隐秘安全。因为巢位选择在水陆交会的植丛之中，无论天敌从水面或陆地靠近，它们都能够方便循水路或是隐匿在草丛中逃脱。最理想的水边巢位则是水中犹如孤岛般的独立植丛，因为四周被水域圈围，阻隔了陆地上掠食动物的威胁。

黑翅长脚鹬将巢筑在靠近水域的植丛边缘，既利于觅食，也方便有突发状况时可以从危险中逃脱。

草鹭又称为紫鹭，常将巢筑于芦苇丛倾倒的浮巢之中，

大白鹭以芦秆为材料，将巢构筑于绵密松软的芦苇丛中

point
13)

Chapter 2　奇妙鸟巢

水面摇篮

盖住鸟蛋才安心离去。欲返回巢中时，会先迂回潜行于水中至接近巢边，才探头冒出水面犹如潜望镜般，先搜索周围再跳上浮巢，以减少巢穴被掠食者发现的风险。

小䴙䴘从水中潜行回巢之后，会立刻将离去时覆盖在卵上以混淆天敌耳目的草叶等遮蔽材料逐一清理干净后，才再度蹲伏孵卵。

point
14)

Chapter 2　奇妙鸟巢

浮叶摇篮

栖息于菱角田、芡实田等满布挺水、浮水植物之水泽环境的水雉、秧鸡科等鸟类，为了安全考虑，会在离岸较远的浮叶上筑巢，以远离岸上的掠食者，同时也利用浮叶高低错杂的天然掩蔽，使巢穴不易被发现。生活于其他动物举步维艰的水泽湿地中，这些水鸟借着长长的脚爪或宽大的脚蹼，个个皆是优异的叶行者，能在极容易下沉的松软叶面上畅行无碍。

右上图：水雉在菱角、芡实等浮叶性水生植物的叶面上直接产卵为巢，并借着叶面起伏和交错的光影来隐蔽巢位。

上图：黑水鸡在水金英等浮叶性水生植物上筑巢，只是它并非将卵直接产于叶面上，而是先衔咬草叶筑巢，再在上面产卵

point

15)

Chapter 2 奇妙鸟巢

人造
育婴房

074

The Secret Life of Birds
(Breeding & Movement)

红隼利用研究人员设置的
巢箱繁衍下一代。

人类的开发与建设使野生动物的栖地大量减少，为鸟类族群的繁殖延续带来浩劫，但许多适应力超强的鸟儿能找到方法与人类和平共存。聪明的鸟儿会找到与自然营巢环境相似的人造环境筑巢育雏，它们发现人造物比自然的树木或土壁更加坚固耐用，更能承受风雨侵袭。所以近年来，在人类建筑物上搭筑的鸟巢数量有增无减，举凡筑巢于屋檐下的燕子、电塔与广播铁塔上的喜鹊、天线与电线上的黑卷尾等都是爱用人造环境的鸟。随着鸟类研究与保护观念的兴起，以及人造巢箱的供应，更为鸟类提供了便利又安全的营巢方式。

在森林游乐区设置人工巢箱，同样能吸引绿背山雀的兴趣。

戴胜喜欢以民居建筑物的洞隙为巢。

喜欢与人类居住环境亲近的黑卷尾，将巢筑于电视天线或电线的绝缘端子上面。

山区的电源箱里，大山雀经由狭小的缝隙作为进出通道，以苔藓为底再铺以兽毛，接着在里面生养了一窝小山雀。

在航空站屋檐垂直向下的排水管里，朝下探头的兰屿角鸮幼鸟，在我为它们拍完照的当天下半夜里，就一只接着一只相继离开人工巢穴。

寄养家庭

"巢寄生"是一种鸟类演化出来的特殊孵育现象，具有巢寄生行为的鸟类当中，以闻名于世的杜鹃科鸟类为主。它们不会自己筑巢育幼，而是寻找合适的宿主，再趁机潜入它的巢中产下与宿主几乎完全相同的卵。巢寄生鸟类的卵会比巢中的其他卵早孵化，破壳后即凭着潜在的本能反应，以背部凹陷构造辅以无毛的短上肢，将巢中的卵或幼鸟奋力推出巢外，以便独占亲鸟的喂食与照顾。

雄鸟

雌鸟

幼鸟

左页图、上图：大杜鹃(布谷鸟)在广大的草原上搜寻巢寄生的对象，当它相中并锁定代理亲职的倒霉目标时，就会不露痕迹偷偷摸摸在远处监视，估计适合寄生的最佳时机：太早产卵会被识破而遭到弃置，太晚产卵则丧失与寄养兄弟间的竞争优势。

噪鹃极其隐匿且不轻易现身；它们不自己筑巢育雏，而是将卵产在椋鸟科的巢中，由被蒙骗的养父母竭尽心力任劳任怨地代它抚养。

中杜鹃不爱自己筑巢和养育下一代，而是将卵偷偷产在毫不知情的代理父母巢中，是典型的投机分子

小杜鹃同样不筑巢不育雏，只会将卵偷偷产在特定寄生对象的鸟巢中。

Chapter ③ Breeding 飞羽之爱

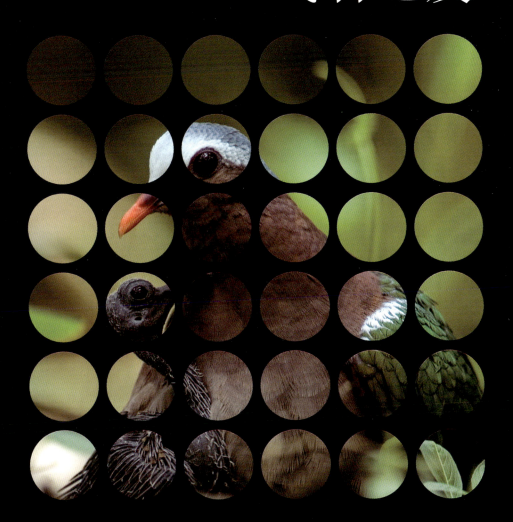

point
01

Chapter 3　飞羽之爱

传宗接代
进行式

雄鸟在求偶的过程中，不仅大费周章地换上鲜艳羽衣，而且十八般武艺尽出地努力展示炫耀，只为了赢得配偶的青睐，但在精彩的前奏曲之后，最重要的交配动作却在短短几秒钟后即告结束。鸟类交配时，雄鸟会跳到雌鸟背上，张开或拍翅以维持平衡，接着扭转尾部，使彼此的泄殖腔开口贴在一起，仅短短几秒钟后，交配即告完成。

由于鸟类交配时泄殖腔会外翻，雄鸟的精囊与雌鸟的输卵管借着腔道连接，所以交配时间虽短，却能有效传输精液。长时间的交配对鸟类来说，不仅维持平衡不易，还可能遭到天敌侵袭捕食。

左页图：几乎所有鸟类的求偶仪式都十分繁复精彩，实际交配的时间却非常简短。通常雄鸟站在配偶的背上，接着伏低扭转尾部使泄殖腔相互贴合，便草草完成交配过程。图为粉红燕鸥。

上图：黑翅长脚鹬交尾前以一致的步履缓行，并发出尖锐叫声作为沟通信号，当双方以抬头挺胸并下缩嘴喙的姿势渐行靠近时，雄鸟抬起单脚扭颈转头，与同样肩颈扭曲引翅仰首的雌鸟紧紧相依以进行求偶舞姿；就在雌鸟引伸头颈放平躯体时，雄鸟随即采取跪姿，展翅跳上配偶背部，并在双方泄殖腔贴合接触的同时完成交尾过程。然而雄鸟由配偶背上回到地面之后，还会以挺胸扭颈耳鬓厮磨的姿势，相互依偎温存片刻之后才会分开。

左图：黑枕燕鸥雄鸟带来新鲜的小鱼当作交配前的馈赠礼物。雌鸟欣然接受与吞食之后，便低伏尾部表示交配的意愿。若雄鸟表现出犹疑不前，迟迟未付诸行动，雌鸟会持续压低身躯张嘴乞求，并再次伏低尾羽准备迎接雄鸟。就在雄鸟展翅跳跃即将站上雌鸟背部的同时，雌鸟会突然逃开；此时形势逆转，变成雄鸟心急地追逐着雌鸟求欢，如此欲擒故纵的前戏会持续数回合。当雌鸟感受到配偶的诚意，才蹲伏不动任由雄鸟站上背部，并耐心等候调整平衡姿势，接着双方同时扭转尾羽，使彼此的泄殖腔开口翻转贴合在一起，而完成了交配行为。

　　准备交配的黑脸琵鹭会以低声呼唤作为信号，雌鸟在配偶从身后贴近并以嘴喙和身体轻柔碰触之后，以低伏头颈、平展背部作为响应；接着雄鸟缓慢优雅地抬脚跨步站立在配偶的背上，并屈曲双脚以高跪姿势同时张翅维持平衡，雌鸟则翘高抬起短尾羽使泄殖腔向外翻露，以迎接雄鸟压低下身凑近的腔道开口。双方就在接合短暂停留的片刻时间内，完成了交合受精的过程。

　　雄鸟在交配进行的过程中，除了全程展开双翼以维持平衡之外，也会粗鲁地张开嘴喙衔咬住雌鸟的嘴喙，以增加交尾过程的平衡稳定能力，而雌鸟在完成受精之后也一反服帖柔顺，随即斥责驱赶，使雄鸟离开背上。黑脸琵鹭等行集体营巢的鸟类，基于联合防卫的安全理由和性成熟的生理时钟，通常繁殖时程会相当接近，照片中比邻而居的两对黑脸琵鹭便接续进行交尾行为。

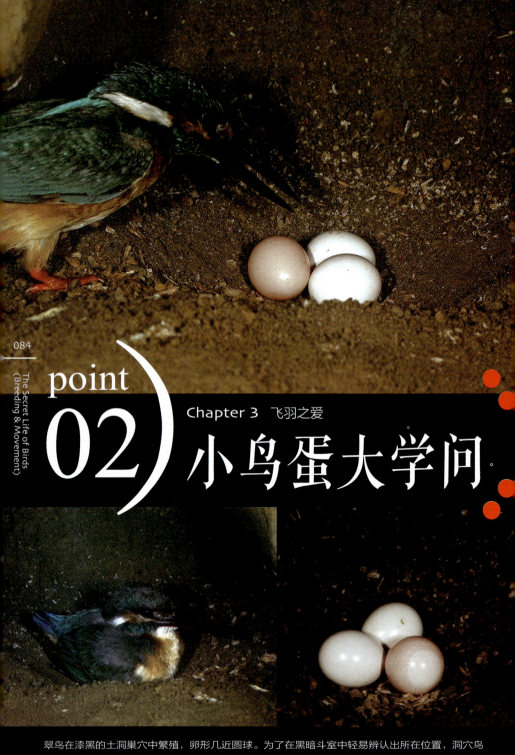

point

02)

Chapter 3 飞羽之爱

小鸟蛋大学问

翠鸟在漆黑的土洞巢穴中繁殖，卵形几近圆球。为了在黑暗斗室中轻易辨认出所在位置，洞穴鸟类通常卵色纯白，再随着孵化的时间而逐渐加深颜色与纹路。

鸟蛋的形状与颜色有相当大的不同，这些外观的差异有生态上的目的。以形状而言，选择洞穴筑巢的鸟类，如翠鸟、猫头鹰等，因为没有蛋会滚出巢外的顾虑，所以它们的蛋通常较圆，甚至接近球形；而于峭壁上筑巢的海鸟，它们的蛋通常呈现梨形，一端较尖、另一端较圆，这样的蛋在滚动时会原地绕圆圈，不易偏离所在位置，可以减低自岩壁滚落的风险。

就颜色来说，白色的蛋非常容易被天敌发现，所以需要添上色彩与斑纹来加以伪装保护。一般产卵后会立即抱卵、离开时也会以巢材遮蔽的鸟类，它们的蛋较无暴露的危险，多半呈现白色。洞穴中的鸟蛋也因不易被天敌发现，而且为避免在黑暗中遭亲鸟踩破，所以也多是白色。

而位于地面的巢穴容易遭到掠食者袭击，所以这些鸟的蛋几乎都有接近周围环境的底色与斑纹。于沙砾地筑巢的环颈鸻，它的蛋不论颜色与斑纹都像极了小石子，往往移开视线后，便不容易再发现蛋的位置。筑巢在树林或灌丛间的鸟儿，通常蛋的底色为浅蓝或浅绿，上面多半会布有斑纹，很像阳光自枝叶间洒落的阴影，而有迷彩的伪装效果。

少数鸟的蛋会随着时间改变颜色，如小䴙䴘，它们刚产下的蛋是白色，亲鸟离去时会以潮湿的水草覆盖掩蔽，而随着蹲孵的时间渐长，鸟蛋日益成熟，便渐渐转变成褐色。

The Secret Life of Birds (Breeding & Movement)

1.山斑鸠的卵形是不容易大幅滚动的梨形。
2.位于树洞的巢穴蛋不易滚出。红角鸮的卵趋近圆球状。
3.黑嘴鸥的卵为梨形，蛋不易滚落巢穴。
4.黑枕燕鸥的蛋在珊瑚礁砾石滩上，不易被发现。
5.小云雀的卵具有斑驳的褐色斑纹，与环境互相融合。
6.黄嘴白鹭淡蓝色的卵相当显眼，但其恋巢性较高，不会轻易抛下巢卵独自离开。

智慧型
亲鸟孵蛋法

棕头鸦雀亲鸟蹲伏于巢中，对柔弱的幼雏进行孵雏工作，而配偶则需要肩负起觅食育雏的任务。

大部分鸟类的卵需要依赖亲鸟的孵育与照顾才能顺利孵化。由于它们身上的羽毛会阻碍热的传导，所以在繁殖期间，负责抱卵的亲鸟腹部羽毛会自动脱落，形成一块裸露且充满微血管的孵卵斑。孵卵时将蛋置于孵卵斑下方，亲鸟身上的热量便能更有效率地传送到蛋里面。雁鸭等水鸟的羽毛不会自动脱落，所以会以喙拔除腹部羽毛以利于孵蛋，并将拔下的羽毛作为柔软温暖的巢衬。

发育中的鸟蛋对温度十分敏感，不管过冷或过热都可能断送生机，因此除了要随时注意保暖外，当天气过于炎热时，亲鸟也需要采取一些降温的措施，如以翅膀为蛋扇风、用身体形成的阴影挡住阳光，甚至以腹部的羽毛吸满水分再帮巢卵降温等，只为了让脆弱的蛋得到一丝清凉。

1. 红翅绿鸠的幼鸟虽然已经发育得相当完好，但是护子心切的亲鸟依然呵护备至，蹲伏在巢上对幼鸟进行孵雏。

2. 黑枕黄鹂的腹部羽毛会脱落，形成充满微血管的裸露皱褶皮肤，借着这个特化的"孵卵斑"构造，鸟类便能更有效率地将体热传导，以促进巢卵的正常发育。

3. 黑冠鹃亲鸟站立巢边，对于即将破壳孵化的雏卵显得格外躁动与兴奋。

4. 在兰屿热带密林里进行孵卵的紫寿带。

point 04)

破壳而出

The Secret Life of Birds
(Breeding & Movement)

　　对蛋中的幼鸟而言，要以软弱的身体与嘴喙从狭小蛋壳里挣脱并非易事。当孵化的时间接近，蛋壳会逐渐变薄，在蛋较圆的一端会产生一个气室，同时幼鸟也会在嘴喙尖端长出一个较硬的骨质突出，称为"卵齿"。

　　当破壳时间来临，幼鸟会先利用卵齿在蛋的较圆一端弄破一个小裂缝，再摆摆头、踢踢脚，用尽身体的力气往外

推，给蛋最大的压力，让裂缝变大，终致整个破裂，幼鸟便可以成功地破壳而出了。

　　蛋的孵化时间关系到幼鸟的生存，所以相当重要。过晚孵化的幼鸟可能因为体型较其他手足瘦弱而遭到亲鸟选择性弃养。同一窠蛋的孵化期如果拖得太长，破壳时发出的声音、气味以及蛋壳碎片容易引起捕食者注意而招来危险，

牵绊住整个小鸊鷉家族行动的最后一颗卵，终于裂开了一道小破洞，原本处之泰然的雌鸟开始显得兴奋与躁动。就在亲鸟持续添加遮蔽巢材的同时，幼鸟已经从碎裂成两半的蛋壳之中伸出孱弱的颈子，探索陌生却又新奇的世界。亲鸟在兴奋之余，紧接着咬起蛋壳带到远离窝巢的水中抛弃，唯恐卵膜与残存液体产生的味道，会招致掠食者的降临。接着，亲鸟会回到巢中帮新生幼雏保暖。再过不久，亲鸟将会带着这一窝幼鸟开始闯荡广大的水域。

黑脸琵鹭与两只刚孵化的幼雏。不久将孵化出第三只幼雏。

燕鸻即将孵化的幼雏已经在蛋壳上敲裂出小破洞，不久就要破壳而出。

刚孵出的栗苇鳽幼雏，以及亲鸟还来不及衔出丢弃的蛋壳。

point
05）

无微不至
育儿术

　　刚孵化的幼鸟依其成熟状态可以分为两类：一类为早成性鸟类，它们在破壳后几个小时内，便可开始跟随亲鸟活动与觅食；另一类为晚成性鸟类，它们只会张嘴索食，食物完全仰赖亲鸟提供。为了喂饱对食物需索无度的晚成性幼鸟，育雏期间的亲鸟们除了短暂的休息时间外，大部分时间都用于觅食，以吃昆虫的幼鸟而言，亲鸟平均每二至三分钟便要带回食物，这么庞大的工作量绝非单方亲鸟所能独立胜任，所以除了水雉、彩鹬、金头扇尾莺等特定鸟类外，育雏的工作通常由双亲共同负责。

　　为了使幼鸟能顺利成长，鸟类除了选择在食物供应丰富的季节繁殖外，它们在繁殖前也会评估栖地环境的变化与食物取得的难易，来决定所需觅食领域的大小。在食物供应充足的环境中，鸟儿筑巢的密度通常较高。

The Secret Life of Birds
(Breeding & Movement)

黑枕王鹟亲鸟回巢之前，习惯以连续
的哨音作为昭告的信号，而幼鸟也因
为感受到亲鸟即将带着丰盛食物回来
的前兆，手足之间互不相让，各自抬
高摇晃的头颈，并张大嘴喙以高声索
食。通常亲鸟会以嘴巴张合的大小，
以及发声索食的殷切需求程度，作为
对幼鸟喂食的优先级判断。

1. 黑枕燕鸥双亲对于才刚孵化仅两个小时、尚且没有自由行动能力的雏鸟，呵护备至并争相喂食。

2. 黑尾鸥基于族群的利益，对于掉落至海面的幼雏互助照护。陆续前来关切的成鸟戒护围绕着落水的幼鸟，直到它自行划水上岸并脱离险境，方才陆续离开。

3. 黑脸琵鹭以反刍的半消化乳状液体喂养刚孵出仅一天的幼雏。面对摇头晃脑纤颈无力的新生柔弱幼儿，黑脸琵鹭亲鸟极具耐心地略微张开嘴喙，将幼雏的纤嘴轻柔衔含，并细心向上引导到嘴角部位；再扩张嘴喙基部，使幼雏的整个头颈进入亲鸟喉咙；接着，亲鸟再将头颈以朝向侧下方放倒的姿势，使喉咙的位置比嗉囊稍低，以利于反刍的乳状半消化液体能顺利逆流，进入幼雏的消化道之中。

1

2

3

蛇雕幼鸟已经羽翼丰满将近离巢的阶段，但是在还未学会猎食技能之前，还是得靠亲鸟供应食物，只是幼鸟已经会自行处理吞咽大型猎物，所以不需要继续接受亲鸟撕裂猎物小口喂食。

幼鸟趴伏在巢上，从亲鸟的嘴里承接蟾蜍当作这一餐，接着幼鸟将食物置于两脚趾爪之间，同时张开双翅做出保护猎物的姿势，并仰头对着亲鸟呦鸣；就在目送亲鸟转身离开之后，蛇雕幼鸟接着挺起身体咬着食物，仰头张嘴将整只蟾蜍直接吞咽而下。

Chapter 3　飞羽之爱

小小鸟儿
当自强

黑水鸡刚孵化不到一个小时的幼雏，已经能够以踉跄的脚步离开巢位，行走到水边，并且已具备浮水游泳的能力。

地栖性的鸟类受到掠食者的威胁较大，幼鸟孵化后有尽速离巢的压力，所以多属早成性。早成性的鸟类在孵化后眼睛便已睁开，身体也长出保暖绒毛，几个小时内便可跟着亲鸟一起离巢觅食，甚至还会奔跑或游泳。

早成性幼鸟破壳后的成熟度高，所以它们的蛋通常较大，里面能提供足够的营养，让幼鸟可以在蛋中充分发育。破壳而出的幼鸟成熟度越高，亲鸟的抱卵期也越长。

早成性的幼鸟虽然独立，但仍需要亲鸟的照顾与保护，在晚间或天气不佳时，亲鸟会以双翼给予保温庇护。遇到危险时，亲鸟会立即发出鸣叫警示，幼鸟闻声后立刻蹲伏保持不动，利用身上与环境相似的保护色斑纹进行伪装。

还有一种半早成性鸟类的繁殖形式，介于早成性与晚成性之间，它们采用的是半早成性的折中策略。幼鸟虽然出生后眼睛即已睁开和具有绒毛的保护，而且孵化不久就具备步行、游泳以及蹲伏躲藏的避敌能力，但还是需要亲鸟的食物喂养数星期后才能独立。鸥科与燕鸥科幼鸟是典型的半早成性型态。

1.红头潜鸭妈妈引领着一窝小鸭子躲进草丛中避敌。
2.黑翅长脚鹬亲鸟带领着幼鸟在沼泽湿地觅食。
3.粉红燕鸥幼鸟属于半早成性，亲鸟正努力提供食物。
4.黑颈鸊鷉的幼鸟偶尔自行摸索觅食，但是绝大部分食物的来源靠亲鸟的提供。
5.凤头鸊鷉亲鸟带着幼鸟觅食。

point

07)

Chapter 3　飞羽之爱

只要
我长大

在洞穴或密林中筑巢的鸟类，其居处不易被天敌发现，安全性高，所以幼鸟没有迅速早熟的压力，可以在亲鸟抚育下慢慢成长。这类晚成性的鸟类，它们的蛋较小且孵化期很短，幼鸟孵出时，眼睛尚未睁开，全身裸露无毛，而且双脚瘦弱仍无法站立。此时的幼鸟如同粉红色肉团，毫无自保能力，只能虚弱无能地依靠亲鸟喂食与保护才能存活。不过由于亲鸟会频繁地提供营养且充足的食物，而且幼鸟的肠道发育渐趋完全，能有效消化吸收，所以它们的成长状况最后会如同龟兔赛跑般，超过需要独立觅食的早成性幼鸟。

1. 黑枕王鹟的幼雏，正向着亲鸟张嘴乞食。

2. 已离巢的黄苇鳽幼鸟，站在香蒲秆上接受亲鸟喂食。

3. 灰脸鵟鹰雌鸟耐心撕裂捕获的青蛙，再逐一喂食给还没有觅食与处理食物能力的幼鸟。

4. 暗绿绣眼鸟亲鸟以构树的聚合果实，喂食羽翼齐全即将离巢的幼鸟。

5. 小云雀的晚成性幼鸟全身雏羽稀疏，两眼尚未睁开，一副孱弱模样，唯一会做的就是摇头张嘴出声乞食，以获得亲鸟的食物供应。

左页图：黄嘴白鹭的幼鸟站在巢中等待亲鸟回来喂食。

杜鹃赤色型雌鸟在草原上飞行以搜索巢寄生的对象，一旦相中目标，就会长时间监视，并利用机会偷偷摸摸将卵产于不知情的养父母巢中。

point

08)

Chapter 3　飞羽之爱

疲于奔命养父母

巢寄生的蛋通常较早孵出，破壳后的杜鹃幼鸟除了本能地以背部将巢中的幼鸟或蛋推出巢外，完全独占亲鸟的照顾之外，它们还有短时间内让自己迅速长成的策略。经过长期的物竞天择，寄生的幼鸟嘴中演化出特殊的记号以及颜色，能够刺激亲鸟喂食，而且还会霸肴不断地张大嘴巴，发出急切索食的叫声，让亲鸟疲于奔命，竭尽所能寻找足够的食物。杜鹃幼鸟的成长速度十分快，孵化三周后，它的体重可增加到约出生时的15倍重，比养父母的体型还要大上数倍。

而出于自愿性的收养行为，在鸟类世界里实属罕见。基于基因的自私特质，鲜少亲鸟愿意主动且无偿地代养非自己亲生的幼雏。鸟类自然界的收养现象，目前所知似乎仅限美国加州的一种燕鸥，而笔者也曾亲自在澎湖无人岛拍摄到疑似白额燕鸥的收养行为。

噪鹃雌鸟通常以椋鸟科作为巢寄生的对象，在金门有稳定繁殖记录的黑领椋鸟，就成了经常遭受利用作为代理亲职的倒霉目标。刚孵化的噪鹃雏鸟会出于本能，将养父母的亲生雏卵推出巢外，再独占有限的食物资源。而丝毫不知情的养父母在任劳任怨的勤奋喂食下，将养子饲育到比自己更壮硕庞大。幼鸟离巢之后，仍将继续跟随着养父母一段时间，并努力榨取食物直到完全独立。

在无人小岛上的白额燕鸥保护区里，近三百对白额燕鸥的繁殖巢比邻而居。我选定这个巢位当作观察记录的目标，因为它拥有良好的视野与单纯的背景，且搭设掩蔽帐的地点是一个不易排水的凹地。白额燕鸥感觉有积水之虞，纷纷舍弃作为筑巢的地点，也让我免除因为搭帐干扰其他巢位的顾虑。

观察一阵子便发现特殊的情况，原本巢中只有两颗还在亲鸟蹲孵阶段的蛋，今日巢边却突然出现了一只孵化仅约半天，并且步履蹒跚的雏鸟。白额燕鸥每次繁殖可产下2-3颗蛋，但是昨日确定只有两颗鸟蛋的巢中竟然爬出第三只刚孵化不久的幼雏，的确令人百思不解，当下决定全心观察后续发展以解开心中的谜团。

孵卵的成鸟在天空开始飘降微雨时归来并随即蹲伏于巢中，不久接着起身走到发出纤弱鸣声的幼鸟跟前，以伏低上身的孵雏姿势准备接纳幼鸟；此时，后方出现另一只成鸟贴近观望，正准备孵雏的亲鸟也不甘示弱立即飞出驱逐追击，就在一阵骚动之后，幼鸟已蹲伏于巢卵中。

刚才被追赶的成鸟再次慢慢接近幼鸟，并张嘴发出短促鸣声呼唤幼鸟，似乎想要将幼鸟引导至身边；此刻巢卵的主人十万火急地飞奔回来，赶走了该成鸟，紧接着蹲伏下身，将幼雏和两颗蛋同时保护于羽翼之下。根据亲身观察的种种迹象判断，这极有可能是鸟类罕见的收养行为。

point
09

鸟类也要
坐月子

一般而言，雌雄亲鸟会肩负起轮流孵卵、共同育雏的重责大任，然而在幼鸟刚孵化仍处于湿软娇弱状态，尚需孵雏或是巢中雏卵并存时，其中一方依旧会蹲伏巢中照顾雏卵，另一方则须负起提供食物的责任，并将食物交给巢中照料的亲鸟负责喂食。

亲鸟交接食物的过程一般在巢内进行，但有时雄鸟带食物回来并不进巢，而是呼唤雌鸟至巢外交接食物。以猛禽为例，交接食物的地点有时在巢外的栖枝，亦可能直接于空中抛接进行。部分猛禽雌鸟对幼雏的独占欲念较为强烈，雄鸟进巢后常常丢下猎物后便迅速离去，以免遭到雌鸟驱赶。

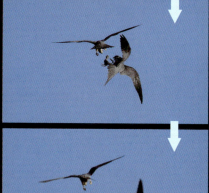

灰脸鵟鹰雄鸟同样是在雌鸟孵蛋或孵雏的阶段肩负比较重的觅食责任，它们会在巢边不远的栖枝上交接食物，或是由雄鸟亲自带回巢内将猎物交给雌鸟。

左页图：黑枕黄鹂雄鸟带回一只肥嫩的毛虫，打算亲自喂育幼雏，不料却遭到盘踞在巢中不愿意让位的雌黑枕黄鹂半路拦截，两者就在你来我往的拉扯之间互不相让。

燕隼利用喜鹊位于高大乔木上的旧巢作为繁殖巢位。当幼雏尚且孱弱需要雌鸟孵雏照护时，雄鸟通常需要担负大部分觅食责任，而带回猎物的雄鸟通常在直接进巢的短暂停留时间内，将食物交给配偶处理和喂育幼雏；但是有时候雄鸟不进巢位，而是在回巢的途中高声呼唤雌鸟，并在空中完成交接食物过程。此时雌鸟会发出急促的短鸣声加以响应，并升空贴近雄鸟下方以等速度飞行，接着翻身以脚爪朝上的姿势，承接由雄鸟脚爪抛下的猎物再带回巢内喂食幼雏。

point

10

亲子沟通
无障碍

　　早成性或半早成性的幼雏，由于刚孵化不久就已经具备行走或游泳的能力，倘若亲子之间因故走失，通常它们会借由辨识彼此的叫声重新唤回幼雏。而亲子之间些微鸣声异同的默契与熟悉，早在亲鸟孵卵时，彼此便已经开始建立起声音的交流与印记。

　　这种辨识声音的铭记印象，对群聚繁殖的燕鸥与鸥科鸟类特别重要。试想一只叼了满嘴丁香鱼心急如焚的燕鸥亲鸟，面对成千上万到处乱窜而且长相几乎一模一样的幼雏，若非借助这项本能，绝对无法找到自己的亲雏。

　　同样，晚成性的幼鸟在离巢后，亲鸟除了需要借助过人的眼力之外，还得依靠幼鸟的独特鸣叫声，才能找到自己含辛茹苦拉扯长大的亲雏。

红脚鹬呼唤幼鸟。

灰头麦鸡在入侵者远离之后，对着草丛呼唤，希望藏身其中以躲避威胁的幼鸟能够尽快现身。

水雉雄鸟呼唤藏身于菱角田交错茎叶中的幼鸟。

黑嘴鸥亲鸟回到巢中却不见幼鸟踪影，连忙高声呼唤。

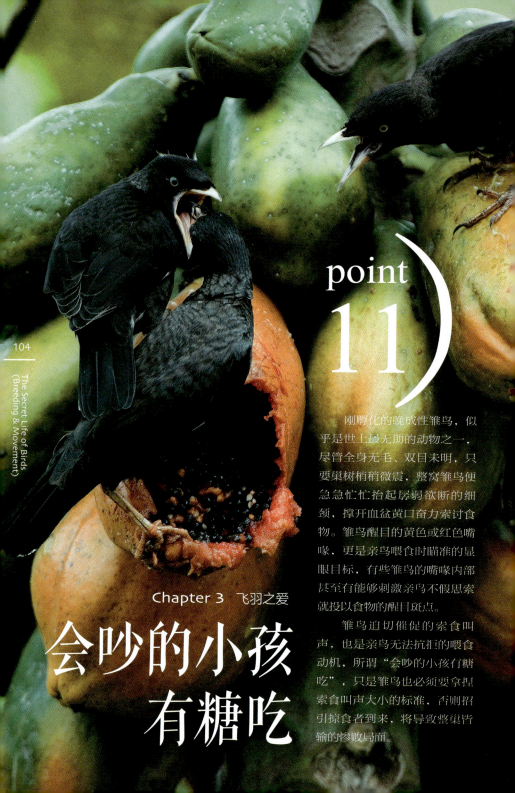

point
11

Chapter 3　飞羽之爱

会吵的小孩
有糖吃

　　刚孵化的晚成性雏鸟，似乎是世上最无助的动物之一，尽管全身无毛、双目未明，只要巢树梢稍微震，整窝雏鸟便急急忙忙抬起孱弱欲断的细颈，撑开血盆黄口奋力索讨食物。雏鸟醒目的黄色或红色嘴喙，更是亲鸟喂食时瞄准的显眼目标，有些雏鸟的嘴喙内部甚至有能够刺激亲鸟不假思索就投以食物的醒目斑点。

　　雏鸟迫切催促的索食叫声，也是亲鸟无法抗拒的喂食动机，所谓"会吵的小孩有糖吃"，只是雏鸟也必须要拿捏索食叫声大小的标准，否则招引掠食者到来，将导致整巢皆输的惨败局面。

左页图：八哥离巢的雏鸟紧紧尾随在亲鸟的身后乞求食物，亲鸟直接衔咬木瓜喂食幼鸟，一方面省去路程往返，同时教导觅食方法和传承食物来源，以加速幼鸟独立的过程。

1. 黑冠鹃的幼鸟晃动躯体手舞足蹈，抬起头颈张大嘴喙并发出殷切的鸣叫，以刺激亲鸟反刍食物喂食。

2. 暗绿绣眼鸟的雏鸟摇晃着头颈向亲鸟索求食物。

3. 蛇雕幼鸟对着停立在远方枝头、监视和保护巢位的亲鸟发出尖声鸣叫的迫切索食声，催促亲鸟尽快带回食物以填饱饥饿的胃。

4. 噪鹃的幼鸟趴伏在栖枝上，同时翘起尾羽，抖动微张且下压的双翅，表现出索食的姿势。

5. 黑嘴鸥的亲鸟面对强烈索食的幼鸟并未立刻做出回应，而是稍事观望，等到同巢的另一只幼鸟闻讯而至，才反呕出食物以公平抚育幼雏。

6. 白头鹎幼鸟已经离巢并且具备独自觅食的能力，但是两只幼鸟同时面向对方，摆出索讨食物的姿势，谁也不愿意率先自行觅食。

Chapter 3　飞羽之爱

残酷的
手足相争

　　一般而言，手足相残的现象比较容易发生在食物缺乏的环境中。幼雏为了独占大部分珍贵的食物资源，直接或间接对其他相对弱势的手足狠下毒手。据研究，亲鸟在繁殖之初就会评估领域内的食物资源是否充裕，以作为当季产卵数量的参考依据，然而部分鸟种为了分摊风险以增加繁殖的成功率，通常会多生一至两颗蛋，然后借由幼鸟间的"良性竞争"筛选出最优异和值得存活下来的子代基因。

　　在自然淘汰下，最虚弱的幼鸟因为争夺不到食物，导致日渐衰弱，最终来不及长大。发生在掠食性猛禽身上的例子就比较残酷血腥，称之为"亚伯与该隐现象"（取《圣经》里手足相残的章节为名）。幼雏为了独占匮乏的食物，会在巢内以嘴喙互相攻击啄食，而亲鸟即使守在一旁，也会放任这种行为的发生，有部分种类甚至会在落败的一方命丧黄泉之后，将其尸骨喂给其他存活的个体，以善加利用有限的"食物"资源。

左图：灰脸鵟鹰有四只嗷嗷待哺的幼鸟，因为拥有丰富的食物来源，所以手足之间都能够相安无事和平成长至离巢。

拍摄记录中的这一对苍鹰，生育了三只全身覆盖着毛茸茸白色细致羽绒的孱弱幼鸟；苍鹰是生活在树林里拥有优异猎捕技巧的可怕掠食者，以猎捕其他鸟类为主要食物，是众多飞禽眼中厉害的狠角色。

苍鹰幼鸟外表看似柔弱无害，甚至具有不带攻击性的可爱模样，事实上手足之间为了生存，无时无刻不在上演着相互竞争的戏码。

幼鸟之间以锐利的嘴喙相互啄咬攻击，借以较量并分出强弱排序。亲鸟在喂育雏鸟时，可能存在偏爱喂食特定幼鸟的情况，但通常以幼鸟乞食的殷切需索作为优先级。然而在位阶较低的弱势个体不敢挺身争食的情况下，排序优先的幼鸟总是先得到温饱。

随着幼鸟渐渐长大，匮乏的食物来源更显捉襟见肘，而幼鸟之间的竞争愈演愈烈，频繁与激烈的攻击事件不断发生。陆续遭到刻意啄伤嘴喙的两只幼鸟，终将因为嘴巴发炎肿胀吞咽困难，导致体力日益虚弱，最后从这场优胜劣败的手足竞争中败下阵来，留下强势的幼鸟独自享受亲鸟提供的所有资源与照顾。

point

13）

Chapter 3　飞羽之爱

想飞
的日子

飞行对于鸟类似乎是与生俱来的本能，一只刚离巢才两个月的灰脸鵟鹰幼鸟，就必须跟上越冬族群迁徙的脚步；从出生地北方温带森林，翻山越岭，远渡重洋，途中经历多少恶劣天气的考验与天敌的侵扰，才能安然飞抵南方热带雨林的陌生国度。

像此种迁徙性鸟类离巢后不久，就必须通过这一耐力与体力的严格考验，在物竞天择的筛选之下，方能确保整个族群有最优秀的基因。在渴望翱翔的天性驱使下，即便只是羽翼未丰的嗷嗷幼雏，也会在阵风吹过巢树之际，本能地抬羽扇翅练习飞翔。

蛇雕的幼鸟不论是体型或羽色，都已经发育得与亲鸟差不多，即将到达离巢阶段。不过猛禽的幼鸟在离开窝巢后，仍然要跟在亲鸟身边一段时间，以学习猎捕技巧，相形之下，飞行似乎成了与生俱来的本能。在一阵阵摇晃着巢树枝叶的大风吹袭下，幼鸟似乎也感受到气流的变化，反射性地抬起了羽翼，转身迎向吹拂的方位，随即奋力向下扇动厚实的翼面，此时下切的风压迫使幼鸟的躯体形成一股反向抬起的浮力，使幼鸟双脚得以离开巢面，也让它提早体验了躯体离地的飞行快感。

像爸爸
像妈妈

The Secret Life of Birds
(Breeding & Movement)

白背啄木鸟雌
成鸟与从树干
巢洞中探出头
的雄性幼鸟。

五色鸟的幼鸟羽毛已经齐全，却还赖在洞口
不愿离巢，其羽色只比亲鸟稍微暗淡朴素。

部分鸟类亲子之间的确有极为悬殊的外貌差异。一般而言，刚破壳而出的猛禽与早成性鸟类的幼雏，几乎是全身披覆着绒毛，随着雏羽日渐长出，绒羽跟着慢慢脱落，等到羽翼完全丰满将近独立阶段，其身上的羽色除了较为暗淡外，已经与亲鸟无极大差别（部分猛禽可由胸腹部纵、横斑纹的方向和虹膜的颜色区分亲子间的差异）。

部分鸟类在幼鸟期以至亚成鸟阶段，身上羽色与亲鸟之间还是存在着明显的差别，必须等到它们长至预备繁殖的阶段，才会与成鸟的羽色完全一致。

燕鸻属于早成性幼鸟，孵出几个小时内就能自由活动，而这也是亲鸟不需要花费太多时间精力筑巢的主要原因之一。

朱鹂雄鸟喂食羽翼尚未丰满但已离巢的雏鸟。

小鸦鹃的幼鸟与成鸟的羽色明显不同。

尚在树洞巢中的戴胜幼鸟，嘴喙还未发育完成，明显较亲鸟短小。

绿翅金鸠的雄鸟与幼鸟，其雏羽尚未从羽鞘中显露出来，几乎全身赤裸。

红翅绿鸠亲鸟紧贴着羽翼尚未完全丰满却已经急着离巢的幼鸟。

翠鸟的幼鸟虽然在洞穴巢中发育完全，但待具备飞行能力之后才会离巢，其嘴喙明显较短，而且羽色暗淡缺乏光泽。

斑文鸟幼鸟的胸腹部缺少成鸟的矢形花纹。

小鸦鹃的幼鸟与成鸟的羽色明显不同。

The Secret Life of Birds (Breeding & Movement)

麻雀幼鸟的羽色较亲鸟稍淡，其余色块大略相同。

凤头䴙䴘的幼鸟满脸花纹，宛若京剧花脸。

燕鸻凭借保护色，隐藏在草地或砾石堆中。

黑尾鸥的幼鸟有毛茸茸的外表，与成鸟明显不同。

台湾原始山林中最神秘威武的鹰雕雌鸟与其幼鸟。

point 15) 不像爸爸 也不像妈妈

　　部分鸟种的身体颜色变化颇大，相同鸟种之间却有截然不同的羽色变化，我们把这称为"色型"。例如凤头蜂鹰有暗色型、淡色型和介于两者之间的中间型，这三种色型加上雌、雄成鸟与雌、雄幼鸟之间的些微差异，排列组合之后，羽色表现竟然多达12种；这么复杂的羽色变化，很容易让刚入门的赏鸟者无从分辨，经常误判为不同的鸟种。

　　另一种羽色变异的情形是羽毛上的色素发生异常现象，缺乏黑色素时羽毛呈现白色，称为白化症（albinism）。这是自然界较常出现的羽色异常现象。白化症的个体通常部分羽毛变白，或是全部羽毛呈现白色；而出现过多黑色素的变异个体，则称为黑变症（melanism）。

在河床等待拍摄灰脸𪚚鹰喝水的画面，却无意间发现这只翠鸟的白化个体，它停在掩蔽帐前还不到一分钟，匆匆惊鸿一瞥，我来不及更换底片，它就从掩蔽帐狭小的视线中消失得无影无踪。

尽管凤头蜂鹰雌雄鸟之间虽然各有三种色型,彼此的基因却能够相互吻合,进行配对繁殖丝毫没有障碍。有趣的是,可能在同一个繁殖巢里观察到雄鸟是暗色型而雌鸟是淡色型,但两只幼鸟一只是中间型,另一只却是暗色型,或是其他色型的怪异组合方式。

岩鹭也有完全相反的颜色表现,白色型与黑色型的繁殖配对同样能够产出下一代,只是体色纯白的白色型岩鹭在野地里比较少见,原因可能是在栖息觅食的黝黑深褐色岩石海岸环境里,纯白色个体特别醒目而且缺乏隐蔽效果。

小白鹭正常的体色应该是纯白,但是在野外也存在着极少数黑色素过多的变异个体。这只黑色型个体便独自过着离群索居的生活,由此看来,特异的形态体色或许会遭到同伴间相当程度的排挤吧。

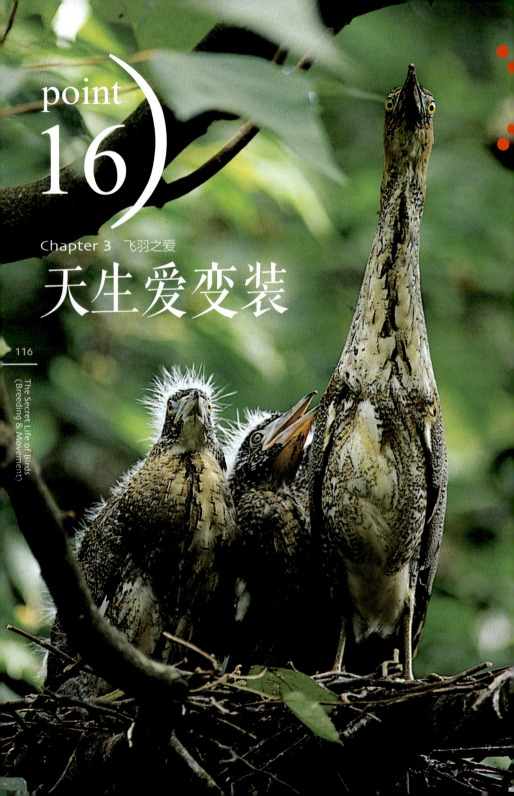

Chapter 3　飞羽之爱

天生爱变装

鸟类的伪装行为是长期演化而来的结果，这种遗传的行为不需要经过学习。栗苇鳽、黄苇鳽等鹭科鸟类，无论是成鸟或幼鸟，都有天生的伪装习性，它们身上的纵向斑纹有拟色的效果，和其栖息的草泽颜色相近，遇到风吹草动便会机警地将嘴朝上，身体僵直不动，伪装成红树林的气根，或是左右晃动模拟成随风摇摆的草梗，以混淆掠食者的目光。

猫头鹰也是伪装高手。黄嘴角鸮、领角鸮等的角羽看似耳朵，其实具有伪装的功能，当它们躲匿于树上，一动也不动地竖起角羽，远看很像断裂的树枝。而无角羽的猫头鹰如鹏鸮，则会利用其圆圆的身躯与深浅不同的灰褐羽色，静立于树干分叉处做伪装，远看就像树瘤。鸟类的拟态行为不仅利于安全上的防御，亦可增加捕食的成功率。

当夜鹰处于孵蛋或育雏的繁殖阶段中，遇到靠近雏卵的入侵者只能暂时离开巢位，不过仍会停栖在巢边周遭，并以能持续监视天敌的理想位置为优先考虑。夜鹰通常以地面为主要活动环境，但也擅长停栖于分叉枝干，并拟态成树瘤，一动不动，仅以裂成一条细缝的眼睛监看四周。

上图：领角鸮在白天停栖于枝干分叉处，将树干的神韵模拟得惟妙惟肖。

左页图：黑冠鹃若遇天敌靠近，会将身体笔直挺立，并将嘴喙伸直向上，以喉部延伸到胸腹的纵纹面对威胁的方向，模拟树干向上的断枝。黑冠鹃的视线范围能从嘴喙正前方延伸到喉部下方，其作用是水平伸直头颈进行觅食行为时，既能兼顾前方有否天敌接近，又能搜寻地面上的青蛙、蚯蚓等猎物。因此，黑冠鹃以喉颈面对入侵的天敌时，其实正以朝下的目光监视着掠食者的一举一动；当亲鸟离开窝巢外出觅食时，巢中的幼雏也会本能地使用拟态招数，只是容易分心，无法像亲鸟一样有持续几十分钟不动声色的过人本领。

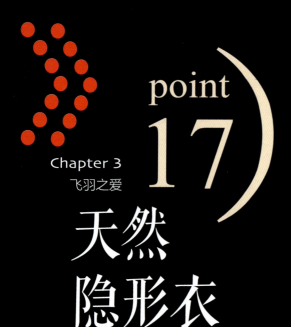

point 17

Chapter 3
飞羽之爱

天然
隐形衣

鸟类体表飞羽的颜色，是造物者巧思的最佳表现。除了在繁殖期外，多数鸟儿的羽色都呈现朴素的暗褐色。鸟儿的保护色可视为最基本的伪装表现，多数的鸟类从卵、幼鸟至成鸟都有接近环境色的外表。鸟儿们身上的保护色让它们在掠食者面前隐形，以确保安全；在猎物面前也可得到良好隐蔽，以便成功觅食。以水中生物为食的环颈鸻、彩鹬等水鸟为例，其背部的颜色斑纹多呈现接近泥土或枯草的灰褐色调，使来自空中的天敌不易发现它们的存在；胸腹部则为白色，让水中的动物误以为是明亮的天空而失去防备。

下图：环颈鸻的早成性幼鸟孵化离巢之后，几乎需要完全靠自己觅食与躲避敌害，在一旁担任警戒的亲鸟最多只能及早出声警告和拟伤诱敌。接着，幼鸟只能靠身上光影交错的保护色，静止不动地蹲卧在植物间或砾石泥地上，以混淆天敌的视听。

下图：黑嘴鸥的幼鸟身上如黄土草地般的淡褐绒羽，加上如同斑驳光影的暗色斑纹，使它趴伏于地面的不动姿势很难被掠食者发现。

上图、左页图：夜鹰将繁殖的巢位选择在与自身暗褐斑驳羽色相近的，稀疏草原的砾石环境。正在孵雏中的亲鸟凭借着良好的保护色，即便看到入侵者步步逼近，也不愿意移动身躯，很可能是担心在天敌的睽睽目光下突然移动身体，反而引起注意而暴露了巢位。对夜鹰来说，不论是毛茸茸的雏鸟，抑或是体色斑驳不动如山的亲鸟，它们与环境相似的羽毛颜色都令天敌为之目眩。在记录夜鹰繁殖的过程中，我也经常在视线稍微离开夜鹰之后，便顿时失去它的行踪，经过犹如大海捞针的地毯式搜寻之后，才好不容易又掌握到其所在的位置。

point
18)

Chapter 3 飞羽之爱

舍命护幼雏

正在孵卵育雏的部分鸟类，一旦发现天敌靠近其巢穴时，为保护它的卵或幼鸟，亲鸟马上表现出奇特的拟伤行为，并冒着生命危险以身诱敌。当入侵者慢慢接近时，亲鸟会偷偷离巢，并在入侵者面前伪装受伤，它们会一面假装痛苦地尖叫，一面拖着看似折损的单翼或双翼，扑跌在地上可怜地挣扎拖行，惟妙惟肖的演出，让掠食者相信眼前受重伤的鸟儿应该相当容易手到擒来，因而放弃寻找巢穴，转而追逐无助的伤鸟。等亲鸟将掠食者反方向诱至离巢有一段安全距离后，会突然复原，振翅逃开，留下满头雾水的掠食者。

白额燕鸥亲鸟对于靠近繁殖巢区过近的入侵天敌，有时会扬起双翅并大力摆动，以拟态成受伤的姿势，诱使掠食者注意并转移目标。

黑翅长脚鹬有时也会以拟态成折翅跛行的痛苦受伤姿势，或者只是以夸张的扇翅动作同时高声尖叫，希望引起入侵者的注意以诱发天敌的好奇与追击。等到入侵者远离幼鸟或是到了窝巢的警戒距离之外，亲鸟便突然振翅高飞，留下一脸茫然的入侵者。

The Secret Life of Birds
(Breeding & Movement)

在北方内陆湖泊繁殖的反嘴鹬，以极其夸张的姿势贴地低空飞行。为了保护无法借由飞行以躲避敌害的幼雏，反嘴鹬亲鸟下垂双脚，同时使用幅度极大却缓慢的拍翅频率，以平缓飘动的滞空飞行姿态周旋于入侵者眼前，同时发出凄厉的叫声，吓阻擅闯繁殖领域的入侵天敌。

Chapter ④ M0vement 天空之翼

point

01)

Chapter 4　天空之翼

飞行奇迹

像鸟儿一般自在地翱翔于天际，是自古以来人类最大的梦想，这个因艳羡而产生的研究动力也造就了人类飞行科技的日新月异。鸟类能够飞行的秘密何在？这一直是人们极想解开的谜团。研究发现，鸟儿的身体可说是专为飞行精心打造的小宇宙，拥有特殊进化的构造，使鸟儿能自由无碍地飞翔，这些构造包括以下部分：

◎ 中空的骨骼：为了减轻重量，鸟类的骨骼内部发展成中空，而且用来摄食的上下颚与利齿也被质轻坚固的角质化嘴喙取代。为了顾及身体的负荷力与灵敏度，其骨骼内部强化的支撑由纤细的桁架所构成，让鸟儿的身躯不仅质轻，而且坚韧。

◎ 气囊：大多数鸟类在颈部、前胸以及腹部后侧等体腔空间内长有气囊，这些气囊不仅使鸟类的身躯更加轻盈，还能为因高速飞行而大量耗氧的鸟类提供更多的氧气。

◎ 羽毛：鸟类外表为轻盈又具机动性的羽毛所覆盖，从头至尾呈现平顺的流线型，可减少飞行阻力，让流经的气流更顺畅。

鸟类的飞行方式有很多种，不同鸟类飞行的方法也不相同，除了与本身的翼形与身体构造相关外，也受到风力、所在环境以及觅食策略的影响。

双翼是鸟类的飞行工具，根据出土的化石证据显示，
鸟类的翼是由爬行类的前肢演化而来的。

上图：翠鸟将上举的双翅向下拍击，借以产生向上的升力与
向前的冲力，接着收回翅膀、展开尾翼，利用前冲的动能维
持高度，并在翼面由平伸上扬至最高临界点的瞬间，当冲力
降低、高度即将下滑的同时，再次拍下双翅，以便重新获得
升力与冲力。鸟类借着不断的拍翅，才能持续滞空前进。

左图：迁徙性水鸟通常翼型狭窄修长，虽然欠缺紧急转向、
凌空翻飞的花式技巧，却具有远渡重洋的长途迁徙能力。

point
02

Chapter 4　天空之翼

展翅高飞

鸟类借着翅膀上下运动所产生的上升气流，将身体往上推，同时翅膀也会如同船桨般向后划动，推动空气，让身体在空中前进。鸟类的拍翅动作，依照鸟类翼形的大小与形状有很大的差异。一般而言，体型越小的鸟类，其拍翅的幅度较大，频率也较快；而翼面较宽广的大型鸟类，则多半善于利用气流，从事省力的定翅飞行，此种飞行方式又可分为盘旋与翱翔。

盘旋又称为热力飞翔，鹳、鹤、鹰、雕等翼面与尾羽宽大的鸟类，能聪明地张开双翼，利用地面的上升热气流，使身体冉冉上飘。当热气流随着高度增加逐渐冷却时，它们便滑降到另一上升热气流，如此重复毫不费力就可以飞得很远，此种滑翔所需的能量只有拍翅的二十分之一，可说是相当省力而且有效的飞行方式。

翱翔又称为动力飞翔，是驾驭大气中不断流动的水平气流，借以产生动力的飞行方式。鸟类顶风飞行时，气流通过翅膀产生浮力会使其不断上升，然而改变翅膀与风向相切的角度，便能改变鸟类翱翔的高度与方向，因此常能见到迁徙中的猛禽，以侧风滑行的方式编队快速飞行。

生活于海岛环境的黑尾鸥，善于利用海面水平流动与岩壁间垂直上升的气流，从事省力的定翅翱翔。

黑枕燕鸥以每秒钟1-2次的缓慢拍翅频率，优雅地飞行于海面上，并不时低头搜寻水面鱼群，每当发现猎物之后即刻翻转，朝下冲进水面以嘴喙猎捕鱼类。

力地拍动双翅才能提升飞行高度。

下图：凤头鹰的翼面圆短宽广，是典型的树林
性掠食鸟类，经常滑翔穿梭于浓密枝叶间，靠
着尾羽的张合抑扬和水平扭转以操控改变方
向，并借由灵活的伸展或内缩双翅，在纷杂的
树干丛薮障碍中左避右闪，畅行无阻。

鸳鸯等中小型鸭科鸟类的拍翅频率约为每秒2-3次。

▲

林雕的翼形宽广修长，近1.8米的展翅长度，使它能轻易地乘着气流翱翔于天空。

▲

蛇雕的翼面宽广，展翅长度超过1.5米，是常见的大型猛禽；它们经常在风和日丽的晴朗天气，乘着热气流定翅翱翔于天际。

▽

灰脸鵟鹰如果已经处于相当的高度，并且捕捉到源源不绝的上升气流时，通常鲜少拍翅，而改以省力的盘旋翱翔。

Chapter 4　天空之翼

一飞
冲天

为了能够飞行，鸟类的身躯经过特殊的减重设计，加上轻盈羽毛的辅助，天生便是质轻易浮。大多数体型较小、体重较轻的鸟儿，起飞时仅靠弯曲双腿往上腾跃，再加上高举双翅用力拍击产生的上升浮力，便能于定点直接扑翅升空。

苍鹭以屈曲双脚蹲伏身体的姿势，在向上纵跳的同时展开双翅大力拍击，以产生足够的冲力，使庞大的躯体离开地面，同时借着宽阔翼面产生的充分浮力，尽管拍翅轻缓而优雅，却足以令它庞大的躯体毫不费力地滞空飞翔。

黑枕燕鸥从地面跳起后，随即进入飞行状态。

针尾鸭身手矫健，遇到突发的危险时，不需要助跑，就能够一瞬间拍翅加速飞离威胁。

大白鹭双脚跳脱水面，张翅拍击，凌空飞翔。

翠鸟从位于土壁的巢穴里以向后退的姿势离开洞口，并且在转身跳脱而出的一瞬间，立刻张开双翅飞离巢洞。

勇闯天际

双翼较小而体型较大的鸟类，例如雁鸭等，碍于体重无法原地起飞，需要有强大的助力才能顺利升空。起飞前，它们会以具有蹼的大脚在水面的隐形跑道上快速助跑，同时猛烈地拍动双翅，借此爆发性的动作，让双翼产生强大浮力，才能离地飞行。

红胸秋沙鸭以全蹼足快步助跑的方式踩踏水面，同时拍击着翅膀奋力冲刺，就在水花激溅弥漫水面之时，鸭群已经接连脱离水面的牵绊，并在持续加速攀升高度之后飞上天际。

小天鹅等大型雁鸭类，因为体型庞大壮硕，无法在停栖的静止状态下瞬间离开水面飞翔，通常它们需要借着在水面或者陆地上快步奔跑一段足够长的距离，再加上奋力拍动厚实的双翼，才能使身体缓缓爬升飞上青空。

豆雁以充满了力与美的姿态，从浅水滩地上助跑起飞，离地升空

point
05)

Chapter 4　天空之翼

超完美
俯冲

The Secret Life of Birds
(Breeding & Movement)

　　鸟类会根据所处的状况调整翼形，并采用最合适的飞行方式。一只觅食中的鹰会张开双翅，翱翔于天空，搜寻躲匿于湿地、农田或旷野的小型哺乳动物或鸟类，一旦发现猎物，必须在最短时间内将其擭获。它会收起双翅，减少上升浮力，再配合空气动力，如同子弹般向猎物俯冲。即将接近猎物时，为抵消向前冲力以及双翼拍击的气流干扰，猛禽会伸出羽翼前端抑制乱流，并将初级飞羽根根岔开，供气流通过羽毛间的裂隙，将乱流化为均匀向后的气流，使俯冲的动作顺畅完美。采用俯冲方式捕猎的猛禽，通常具有能在高速中精准掌握搜捕时机与完美操控飞行的能力，如此才能在猎物尚未脱逃前成功出击。

1. 燕隼用后掠收翅的姿势俯冲追击猎物。
2. 鹗从原本盘旋搜寻猎物的姿态，突然翻身朝向水面作势俯冲。
3. 黑尾鸥在众多同伴饥饿眼光的搜索环伺之下，紧急俯冲入水以便捷足先登。
4. 红嘴巨鸥以弩箭般的俯冲姿势，投射入水面捕捉鱼类。
5. 红隼发现草地上的猎物之后，随即伸出利爪准备俯冲扑捉。

左页连续图：黑耳鸢在鳗鱼养殖场的上空盘旋，搜寻漂浮的鳗鱼尸骸当作食物，一发现随即俯冲而下，并在快速接近水面时改以滑翔的姿势，伸出脚爪攫取水面上的食物。

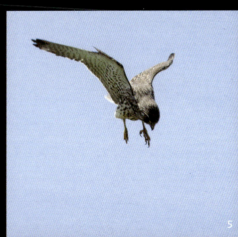

point
06)

Chapter 4　天空之翼

空中
定位术

一些鸟类为了能在觅食区上空停留以便搜寻猎物，会采用定点悬飞的飞行方式，红隼便是其中的佼佼者。在空中定点悬飞的红隼，会借着微调各部位羽翼的开合，以控制前行的速度能与风一致。它们会逆着风展开双翼并将尾羽岔开，借以获得足够的上升浮力，而且为避免因翅膀产生的杂乱气流导致失速的危险，它们会竖起小翼羽，并将翼端的羽毛分开，用以匀顺气流，才能如风筝般保持不动停留于空中。

point 07

1

Chapter 4　天空之翼

欢迎搭乘隐形电梯

The Secret Life of Birds
(Breeding & Movement)

　　御风飘浮通常发生在悬崖边缘。受到强劲的海风吹袭时，水平流动的风向冲撞岩壁后会转向变成垂直朝上的气旋，这是一股源源不绝却又飘忽不定、前后摆荡的气流。栖息于岩壁间的鸟类，只要跃离地面张开翅膀，就像乘上隐形电梯般获得向上的动力。

　　如鲣鸟、鸥科与燕鸥科鸟类，都善于驾驭这股气流，它们抬高双翅、翘起尾羽，以减少翼面承接气流的接触面积，精确控制重力与浮力，使两者相互抵消，便能丝毫不费力气地飘浮于空中，只要紧紧捉住飘忽乱窜的上升气流，就能如同乘坐摇篮般前后左右摆荡。

2

3

1.白顶玄燕鸥善用陡峭岩壁上丰沛的上
 升气旋，借着展开双翅和尾羽，轻松
 地从事悬空飘浮的省力飞行模式。

2.黑枕燕鸥擅长驾驭气流，借由巧妙控
 制空气流过翅膀与尾翼的方向，进行
 定点飘浮飞行。

3.红嘴鸥以定翅顶风的飘浮姿势进行省
 力的飞行，同时低头搜寻水中的鱼虾
 当作食物。

底图：粉红燕鸥在流动气旋中飘浮飞行。

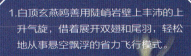

黑耳鸢平贴着水面滑翔，并探出
利爪准备掠取食物。

point
08)

Chapter 4　天空之翼

飞行生活家

相对于灵长类的双手，鸟类的上肢已经演化成双翅，掌管更为重要的飞行功能，因此若要从事诸如拿取、筑巢、理羽、抓痒等动作，无一不需要借助嘴喙与脚爪来完成。

而鸟类飞行时，其身体各部位的动作协调能力，可以用出神入化来形容，除了能够一边飞行，一边抓痒、排泄、低头撕咬脚握的猎物进食，也可以准确地在数以千计的迁徙群体中起降、编队翻滚，同时还确保彼此间狭小的距离不会相互碰撞。

鸟类飞翔在动荡不定的气流之中，要维持平稳操控的飞行实属不易，更何况还要同时以嘴喙或脚爪攫取动作难以预料的猎物，但是它们轻轻松松做到了，堪称"飞行生活家"的典范。

黑尾鸥凭借敏捷的飞行技术，几近于滞留地平贴在海面上，低头以嘴喙掠取食物。

红嘴鸥滑翔过水面，并以嘴喙捡取食物。

垂直俯冲而下的鹗，伸出利爪作势扑抓猎物。

红隼在空中搜寻猎物，并在瞬间垂直降落或以滑翔的姿势贴地攫取猎物。

普通鵟以迅雷不及掩耳的攻击态势，攫捕正在低头摄食的野鸽子。

point
point
09

神乎其技
的羽翼

The Secret Life of Birds
(Breeding & Movement)

鸟类维持平衡的感官能力，在生物界当中可以说是相当优异；而翅膀除了为它们提供在飞行时所需的浮力之外，还能在降落时借着改变拍击气流的角度，以增加空气阻力来达到减速的目的。

除此之外，翅膀在鸟类的各种行为中，也都扮演着辅助平衡能力的举足轻重地位，凡是觅食、交配、攻击、助跑、在强风中站稳等举动，无一不需要借助翅膀的张合与拍动来维持平衡。

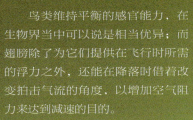

小云雀以善鸣著称，是草原上卖力演唱的嘹亮歌手。湿滑不稳的雨天加上风吹摇撼茎叶，使小云雀必须努力站稳脚步，并不时张合翅膀，用尽各种姿势，才能勉强维持身体的平衡。

五色鸟进入巢洞时，借着完全展开的双翅煞住向前冲的惯力，并准确地攀住洞口，以避免撞上树干。

多功能降落器

三宝鸟进入巢洞的瞬间，以向前伸直作势抓握的趾爪，做着陆前的准备。

飞行时因惯性所产生的向前冲力，能帮助鸟类顺畅前行，但当鸟儿需要降落时，此股冲力却成为最大的阻碍，若不小心将其消除，高速落下的鸟儿可能摔得人仰马翻，十分危险。

啄木鸟、五色鸟等树栖性鸟类，必须精准地降落在面积较小的树枝上，降落难度更高。它们必须在抵达树木前，利用扇拍双翼与展开尾羽来减速，等往前的冲力慢慢消失时，再降至欲停栖的枝干，并利用双脚紧紧攀住树身，抵消剩余的冲力，才能安全又准确地降落。鹭与鹳等大型鸟类准备降落时，会先将一双原来置于身体后方的长脚放下，借由双脚约九十度的调整，改变身体重心，缓和前进的动力，再配合翅膀运作，慢慢减速着陆。脚上具有蹼的水鸟，降落前会伸出大大的脚掌作为减速器，利用双脚产生的阻力，减慢速度再安全着陆。

中杓鹬群轻缓地降落在沙滩上。

黄嘴白鹭在降落的瞬间，借完全展开的双翅与撑开如扇形的尾羽来增加空气阻力，以便收住持续向前冲的动能，并弯曲膝盖以吸收着陆瞬间所造成的冲击

豆雁等大型鸟类准备降落时，会先将长脚放下，改变身体重心，缓和前进的动能，再配合翅膀运作，慢慢减速着陆。

上图：小天鹅以抬高伸展的双翅，和向前伸直扳起的脚掌作为下降时落水的姿势，正因为它的体型较为壮硕，因此无法瞬间抵消行进间的物理惯性。小天鹅借由双脚划过水面时，宛若划水板的全蹼足承托自身的体重，并在滑过水面时，借由摩擦力抵消向前冲的飞行动能，同时伸展抬起的双翅维持平衡稳定，就在能量逐渐减少以至消失之际，小天鹅的胸腹部位也开始接触并浸入水中，就在收起双翅时，降落过程同时完成。

左图：黑枕燕鸥以水平伸展的双翼和撑开如扇状的尾羽，迎着徐徐吹送的海风翩然滑降。

飞行
冠军

能够高速飞行的鸟类多半与其觅食习性有关。习于空中猎食者，为求以快狠准之姿擒捕猎物，快速飞行成为其最大的优势。以速度快而闻名的游隼，常于高空搜寻猎物，一发现机会先快速拍动翅膀，增加其追击速度，接着收回双翼，以迅雷不及掩耳之速，由空中俯冲捕杀。犹如喷气式飞机般的俯冲方式，据估计速度至少可达每小时180千米，全力冲刺时甚至可超过300千米，为空中飞得最快的动物。

翱翔空中以飞虫为食的雨燕，亦是快速疾飞界的能者。它们的初级飞羽特别发达，在翼面占有很大的面积，双翼显得又尖又长，操控性能特佳，能完美地适应空中生活。它们能以极高的速度飞行与回旋，于空中准确猎食。

游隼以善于高速扑杀飞鸟而闻名，在养鸽人士的眼中是无人不知的狠角色，并以"粉鸟鹰"的名称口耳相传（鸽子在台湾又俗称为粉鸟）。它们栖息在高大的电塔顶层，俯视着过往的鸽群与越冬水鸟，发现适合下手的对象就立刻极速垂降，凭借着超凡的飞行能力，鲜少猎物能够顺利脱逃。广大的盐田湿地顿时变成游隼的杀戮战场，在地面上经常发现遭到捕杀的众多赛鸽尸骸，连体型壮硕的苍鹭也难逃毒手，成为高速撞击而折翼坠地的受害者。游隼捕杀猎物之后，除了在地面惶惶不安地撕咬吞咽之外，也经常奋力拍翅，竭尽气力将体重与自己相当的鸽尸拖上高压电塔的第二三层，如此一来就能够高枕无忧安心进食，而不用受到地面流窜的野狗族群频频骚扰。

大鸟慢飞

　　部分体型较大的鸟类，由于受到体重或翼形的限制，无法做长时间拍翅的费力飞行。需要飞行时，它们会张开宽大的翅膀，利用上升热气流或顶风支撑着身体，慢慢上升或前行，此种依附气流移动以节省体力的飞行方式，自然无法兼顾速度上的要求。

　　例如信天翁的体型庞大且翅膀狭长，飞行时几乎不用拍翅，姿势从容而优雅。当它们需要起飞时，却需要长长的跑道，并卯足了劲快速助跑，借顶风才能使笨重的身躯勉强离地。大型猛禽为了在起飞时顺利升空，通常会在停栖的悬崖边或山谷上缘一跃而出，顺势展开双翼，乘着上升气流冉冉升空。

東方白鹳的翅形既宽又广，翼展长度可达2米；它们拍翅缓慢，擅长捕捉源源不绝的热气流，从事省力的滞空翱翔。

1

上连续图：信天翁的双翼狭长，将近身体长度的三倍，并以展开超过3米的翅膀，位居鸟类世界的冠军。完美的修长翅形构造，使它们在通过气流时可以获得最大的浮力，因此信天翁就算在强大海风的持续吹袭之下，也能够在甚少拍翅和轻缓优雅的飞行姿势中，长时间飘浮滑翔于海面，并拥有驾驭气流的优异飞行能力。因为双翅狭长，信天翁必须靠着顶风助跑，才能产生足够的浮力以顺利起飞。

左图1：苍鹭飞行速度缓慢而优雅，经常大幅度轻缓拍翅，平贴着水面飞行。
左图2：大白鹭等大型鹭科鸟类的翅形宽广，振翅的频率明显较小型鸟类少。

2

The Secret Life of Birds
(Breeding & Movement)

最上图：黑颈䴙䴘也是潜水高手。　1.凤头䴙䴘是善于潜水的游泳高手。
2.小䴙䴘生活于湖泊、池塘、鱼池之中。　3.台湾稀有的红胸秋沙鸭越冬种群，也善于潜水捕食。

有些鸟类擅长潜水与游泳，在水中的表现远优于在空中飞行。许多会潜水的鸟类，特别是潜鸟与鸬鹚，它们的脚位于身体的后端，脚上具有蹼膜，因此能在水中快速推进移动。此外，当双翼贴近身体时，它们的身体呈现完美的流线型，能减少水的阻力。这些是让它们成为"水中蛟龙"的潜水利器，却使它们在陆地上行走时行动笨拙且举步维艰。

居住于湍急河溪旁的河乌是燕雀目中唯一会潜水觅食的鸟类，它们以水中的昆虫与无脊椎动物为食，流线的体型与厚厚的羽毛有助于在水中保持体温并避免弄湿，而且它们的尾巴基部有特化的尾脂腺，使羽毛的防水功能更佳。擅长潜水捕鱼的鸬鹚，它们的尾脂腺不发达，潜入水中时羽毛会因吸水而湿透，羽毛浮力降低，在水中的移动更显敏捷。但离开后，一身湿透的羽毛相当容易受寒失温，它们会赶紧在日光下摊开双翅，将身体晾干。泳技出色的扁嘴海雀，游泳时并非用脚推进，而是以短而强壮的双翼做出鼓翅动作，推动身体前进。

扁嘴海雀是海洋性的鸟类，擅长潜水觅食，最近十几年来只在台南发现过一只迷途的个体。

凤头潜鸭又称为泽凫，栖息于淡水池塘或湖泊等水域，垦丁龙銮潭有稳定的越冬族群。

黑水鸡为了摄食水底植物的柔嫩根茎，不惜改变习性，奋勇冲刺进入水中，期望以短暂的潜水滞留时间，捞获享用丰盛的一餐。

point 14)

Chapter 4　天空之翼

长途旅行

The Secret Life of Birds
(Breeding & Movement)

　　长途迁徙是对鸟类飞行能力的最大挑战。工欲善其事，必先利其器，在迁徙之前，很多候鸟会先换羽，利用状况最佳的新羽来应付长途飞行的挑战。为了保有较持久的续航力，候鸟会在行前拼命进食，累积大量脂肪以提供飞行时的能量，因此它们迁徙前的体重会迅速增加，甚至可达夏季时的两倍。

　　除了做好行前准备外，候鸟在迁徙时亦有节省体力的聪明做法，它们会采用V字形的编队方式飞行。因为鸟类拍翅下压时，会有部分高压气流由翼尖溢出，形成微弱的上升气流，短暂滞留在其翅膀尾端。候鸟相当懂得利用这股同伴产生的气流来减少不停鼓翼所耗费的能量。迁徙时，它们会飞在前一位同伴的翼尖后方，在此处鸟儿不仅能借着上升气流来省力，同时亦保有较不受阻挡的辽阔视野。由于飞行在领队位置的鸟无法获得上升气流的辅助，为避免它过度耗费体力，鸟群会轮流飞行在最前端的位置。

　　每年秋天的9至10月份之间，数以万计的鹭鸶从垦丁集体出海向南迁徙，以躲避北方逐日降临的严寒冬季。它们通常在傍晚开始集结，再趁着夜色连忙赶路，以避开众多日行性掠食动物的威胁。当夕阳西下，天色刚要转暗，以牛背鹭为主力的鹭鸶群体，便从恒春半岛的各处草泽湿地盘旋升空，并合并聚集成庞大的迁徙族群，飞行通过南湾水域的上空。部分群体则选择偏向猫鼻头的方位南迁，与自北方就展开旅程，并通过台湾西南海域的迁徙族群相会合。

The Secret Life of Birds
(Breeding & Movement)

1. 灰脸鵟鹰为日行性迁
   徙猛禽，在晴朗的白
   天迁徙，当夕阳西下
   天色渐暗，便纷纷降
   落到避风的山谷夜栖
   休息。

2. 迁徙途中过境台湾的
   滨鹬群。

3. 苍鹭等迁徙中的鸟类
   常以倒V字形作为飞
   行的编队，借由带头
   领队划开空气阻力，
   使紧挨在队伍后方的
   同伴可以较省力地飞
   翔。

1

2

3

Chapter ⑤ Movement 羽翼之外

褐河乌抓地力良好的趾爪，让它在激流岩壁间畅行无阻。

The Secret Life of Birds
(Breeding & Movement)

point

01

Chapter 5 羽翼之外

双脚万能

鸟类依据不同的环境特质与食物特性，发展出各种形态的脚，或长，或短，或三趾，或四趾，或有尖爪，或有蹼膜等，不仅样貌不同，也各自具有其演化上的特殊功能。

习惯步行的鸟类，如雉鸡、竹鸡等，靠双脚步行与抓扒搜寻食物；习于水中觅食的雁鸭与鸬鹚等，则依赖蹼足划水推进；猛禽的尖利脚爪，则用以捕捉猎物，也在进食时紧握食物，便于以嘴喙撕裂。生活于菱角田的水雉，有一双适合行走在叶面上的大脚；擅长爬树的啄木鸟与普通䴓，则有着健壮的趾爪，可以牢牢地攀住树干。

此外，鸟类的脚部覆有鳞片，同一种鸟的排列方式都相同，相近的科或属也会有相似的排列，因此成为鸟类分类上的重要特征之一。

竹鸡使用矫健的双脚在地上行走。

小天鹅的全蹼足既是划水游泳的工具，也是帮助笨重躯体起飞的助跑利器。

黑冠鸦在危险逼近时拔腿开跑。

point
02)

Chapter 5　羽翼之外

能飞也能跑

　　能够步行的鸟类，在地面活动时，能像人类一般以双脚交互伸出步行或奔跑。通常大中型鸟类如雉鸡、竹鸡等，碍于体重所限，多选择以步行方式来活动觅食。小型的鸟类则多数为树栖性，不善步行，只能在地面跳跃前进，但云雀与鹡鸰习于在地面繁殖与觅食，有双适合步行的脚，而且为了让身体重心更稳，它们的后趾趾爪通常较长，能在地面快速奔跑。

小云雀具有特化的长后趾，使它们特别适合行走于短草地。

白鹡鸰略呈水平的躯体，和经常摆动以保持平衡的长尾巴，再配上敏捷的双脚，造就了它矫健灵活的快步竞走能力。

蓝胸秧鸡稍长的脚趾，特别适合在泥滩湿地上行走。

棕三趾鹑的脚仅有三根前趾，因此独立自成一科。由于缺乏后趾，它们的重心偏向身体的前方，借以保持平衡。

白胸苦恶鸟发达的长脚趾爪，使它能够轻易改变身体重心，不管是爬坡涉水或是快步缓行，都难不倒它。

竹鸡等雉科鸟类，凭借着粗壮的双脚趾爪，除了有利于抓扒地表用以觅食之外，更拥有行走于山林陡坡的优异能力。

point 03)

Chapter 5　羽翼之外
超强划水装备

擅长游泳与潜水的鸟类，其脚部最大的特征便是蹼足。脚部的蹼膜犹如一片扁平有力的桨，能更有效率地划水推进。不同的鸟种，其蹼膜的特征与功能也不尽相同，约可分为全蹼足、半蹼足与瓣蹼足三类。全蹼足的鸟类如雁鸭、鸬鹚，其脚部四趾由整片蹼膜相连。具有瓣蹼的鸟类如骨顶鸡、鹛䴙等，骨顶鸡的瓣蹼互不相连，每一趾蹼按其关节分为三节，每一节瓣蹼成椭圆形；小鹛䴙的瓣蹼则呈前端较宽的琵琶型。水鸟的蹼足除了帮助击水前进外，当鸟儿于泥滩觅食时，较宽大的脚可以分散体重，避免深陷泥中。当水鸟起飞时，需靠着蹼足在水面疾走以增加上升浮力；降落时，大蹼足则是良好的减速器。

在水上以蹼足划水游泳的鸿雁家族。

小天鹅开阔的全足蹼，除了让它们具备优异的划水能力之外，也分担了庞大的躯体重量，使其不致陷落在湿软泥地中。

鸳鸯属不会潜水的潜鸭种类，为了吃水生植物，还是会极力深潜。

小鸊鷉的趾间具备瓣蹼，使它拥有潜水和游泳的良好推进能力。

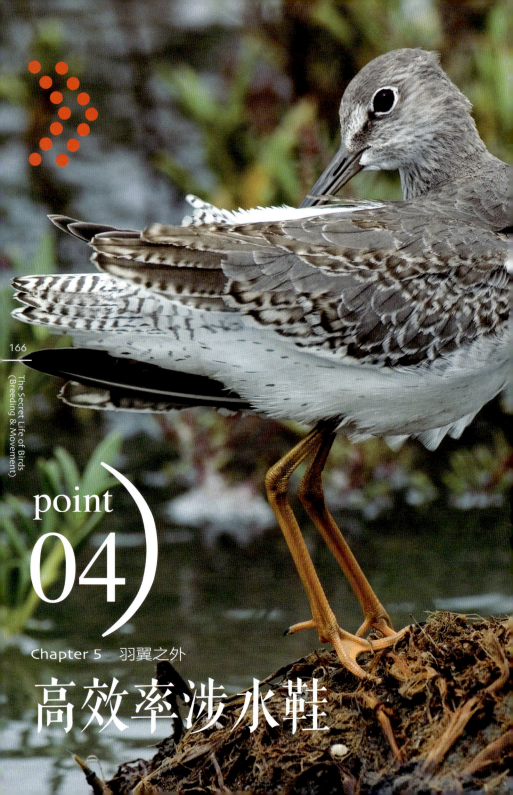

point

04

Chapter 5　羽翼之外

高效率涉水鞋

许多觅食于池塘或沼泽的涉禽，如鹭鸟、黑翅长脚鹬、大杓鹬等，通常配备了高挑的双脚与长长的颈子。鹤立鸡群的身高，使其不仅能在较深的水域涉水捕食，当置身于芦苇等水草丛中时，亦可借着身高的优势警戒掠食者，以增加安全。它们的脚趾也相当长，而且部分鸟儿在脚基部长有半蹼膜，可避免脚部陷于软泥中，增加觅食的便利性。

黑脸琵鹭天生一对长脚，最主要的目的在于涉足深水环境，以减少在浅水区域觅食的过多竞争压力，同时得到更多的觅食空间与机会。既要避免身陷软泥无法脱身的窘境，又要兼顾灵活攀爬于陡峭岩壁中筑巢繁殖的轻巧，黑脸琵鹭于是进化出半蹼足作为折中适应对策。

1. 苍鹭涉足于浮叶植物交错的茎叶之间，有助于获得额外的浮力，以便在平时无法企及的深水区域中觅食。
2. 小白鹭较长的脚趾，有助于分摊身体的重量，避免身陷软泥。
3. 尖尾滨鹬稍短的双脚不小心陷入松软泥地中，连忙拍翅借以助力脱困。
4. 矶鹬以半蹼足涉足于湿滑溪流中，尚且游刃有余。

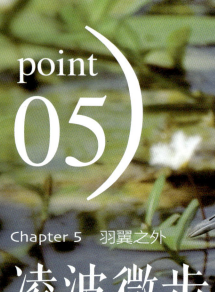

point

05

Chapter 5　羽翼之外

凌波微步·
叶行者

168

The Secret Life of Birds
(Breeding & Movement)

　　轻功一流的水雉，是鸟类中赫赫有名的叶行者。它们的脚趾与趾爪特长，尤其是后趾不仅长且直，是其他鸟类没有的特征，可以将身体重量均匀分散在叶面上，即使走在容易下沉的菱角或睡莲等叶面上亦能通行无碍。栖息于水泽，具有长长脚趾的黑水鸡，亦是叶行秘技的个中好手。

1.水雉在繁殖季节过后，换上隐匿效果十足的朴素冬羽（非繁殖羽）。此时因为没有在浮叶植物上产卵育雏的需求，水雉对于栖息环境相对不挑剔，不论是挺水或是沉水植物，只要是隐秘安全而且食物丰富的环境，都可以欣然接受。

2.小田鸡也有一双与身体不成比例的大脚趾。

3.黑水鸡快步走过睡莲的浮叶上面，以避免因为停留太久而下沉深陷水中。

左图：水雉为适应多浮叶性水生植物的栖息环境，演化出独特的长脚趾，以便在叶面上行走时，能有效分摊身体的重量，不至于深陷水中，以保有灵活的行动力。然而水雉也并非全然在叶面上才具有完全的行走能力，它也能够漂浮在水面上，只是无法像鸭子以蹼足划水一般省力优雅，只能屈曲长脚如同蹲着走路一般，以细长趾爪拨动水底交错的根茎障碍，才能使浮在水面的身躯得以向前行进。

擅长爬树的鸟类首推啄木鸟与普通鸸。啄木鸟具有强健的趾爪，且为2、3趾向前、1、4趾向后的对趾设计，可以牢牢抓住树皮或树枝，并能在树干的垂直面攀行，以找寻树干或树皮中的昆虫。爬树时，后方二趾的外趾能转成横向，使爬树时身体的稳定性大为增加。它们的尾羽也特别强劲有力，能作为爬树时的身体支撑，因此啄木鸟可说是最适合在树上生活的鸟类。普通鸸亦是爬树高手，能在树干上下左右轻松移动，在树上行动时最大的特色是采取头下尾上的姿势往下行走。

point

06）

Chapter 5　羽翼之外

爬树专家

1. 白背啄木雄鸟攀附于铁杉树干上，正准备进入巢洞。

2. 红翅绿鸠扭转有力的脚趾，以轮流抓握的方式，沿着树枝生长方向循序前进。优异的树枝攀爬技巧，使它们在树上搜寻成熟果实的效率一流，而且藏身在枝叶间轻缓潜行，相比跳跃或是飞翔方式，更不容易遭到掠食动物发现。

3. 广泛分布于欧亚大陆乃至日本的旋木雀，擅长攀爬于垂直的树干之上。

普通鸦的脚爪弯曲，脚趾强健而有力，经常以头下尾上的姿势攀附在树干表面，借着趾爪横向深入树皮缝隙之间，紧紧抓握，就能够轻松且灵活地进行上下左右方向的移动。

point

07)

攀壁
也能睡

The Secret Life of Birds
(Breeding & Movement)

雨燕长而尖的翅膀以及身体构造，都非常适合飞行，它们除了短暂的休息时间外，几乎全在空中生活，甚至在空中飞行时，也能进行持续几秒钟的睡眠。其双脚逐渐变短退化，翼长脚短的身形，使其无法由地面起飞。它们的四根脚趾均朝前，此种全部为前趾的趾型，不仅无法站立，也不能停栖于电线或树枝上。不飞行时，它们仅能以钩状的趾爪攀附于土壁上，以垂直姿势休息或睡眠。

小白腰雨燕

point
08)

是工具
也是武器

栖息于森林底层的雉鸡、竹鸡等鸟类，习惯以步行方式啄食地面的种子或昆虫。它们稍长的脚趾均分叉且平贴于地，能够稳稳行走，而且其脚部强健有力，觅食时常利用趾爪快速扒开地面的叶子或泥土，以取得藏匿其中的食物。此外，雉科鸟类的雄鸟于接近脚掌的跗跖后方，长有1至3个距，是与同类争夺领域的有效攻击武器。

灰胸竹鸡在脚胫（跗跖）后方的距如尖刺般，为硬质构造。

台湾山鹧鸪在充满落叶的林道环境上，以双脚扒土摄食藏匿其间的蚯蚓、甲虫幼虫、植物块茎或种子等食物。它以挺直身躯的姿势，使用双脚趾爪交替在地面上抓扒以使食物现身，接着再后退两步并低头以嘴喙挑拣食物吞咽。当露出地表的食物都捡食干净之后，台湾山鹧鸪随即再趋前几步，以同样的动作进行翻扒过程，并不时改变脚爪的扒土方向，以期将藏匿其间的食物巨细靡遗地摄食殆尽。

point
09

鸱鸮、鹰隼等肉食性猛禽，脚爪为其攫杀与携带小型动物的利器。它们的脚上有四根长长的趾爪，全都弯曲且锋利，加上三趾向前、第四趾向后的设计，使其能牢牢地抓住猎物。尤其猎食大型鸟兽的猛禽，其内趾与后趾利爪特别强大，既长且弯，当猛禽抓住动物时，四爪会深深刺入动物体内，使猎物完全无法挣扎脱身。

Chapter 5　羽翼之外

空中终极武器

红隼以敏锐的视力和无比的耐心，悬停滞空搜寻，在发现猎物之后迅速俯冲而下，顺利猎捕到草地上的蜥蜴。

白腹鹞雌鸟以顶风趋近悬停的飞行姿势，在芦苇草泽湿地上空搜寻食物，还悬垂着一双利爪，随时准备妥当，以便即刻扑杀猎物。

白腹鹞在垦丁笼仔埔草原上空搜寻猎物，当它发现躲藏在草丛下方蠢蠢欲动的老鼠时，随即伸长双脚飞扑而下。

赤腹鹰凭借着锐利的趾爪和优异的飞行技术，轻易捕捉到飞行中的蜻蜓。

point

10）

Chapter 5
羽翼之外

特制
捕鱼利器

以鱼类为主食的鹗，擅长以脚爪捕鱼。它们会先在水面上空盘旋，发现食物时再突然急降而下，伸出利爪将水面游鱼擒获。鹗最特别的地方是具有可以自由反转的外趾，能在捕食时调整为两趾朝前、两趾朝后的对趾，以方便钩住猎物。其脚趾下侧长有棘状的鳞片突起，能增加摩擦力，防止已到手的鱼因挣扎而滑脱。抓住鱼后为减少风阻，鹗会将猎物调整为头前尾后的姿势以爪夹带，再携至安全之处食用。黑耳鸢亦喜食鱼类，但其捕鱼技巧不像鹗般高超，主要以浮上水面的病弱鱼、鳗等为食，捕食时会先低飞于水面，再以双爪同步出击，抓起水中猎物。

鹗善于捕捉活鱼作为食物，它们以粗糙具有鳞棘的脚趾和弯曲的利爪，来抓握并且刺穿猎物躯体，以防止黏滑的鱼类挣扎脱逃；鹗更具有能够翻转扭曲的脚趾，借以大幅度调整猎物的抓握方向。为了避免悬垂在脚底的鱼类横向躯体造成的风阻增加，鹗会在带鱼离开水面之后，扭转脚趾使鱼头朝向前方，借着鱼体的流线型来减少阻力。

黑耳鸢喜欢以尸骸腐肉为食，而人类养鳗场所能提供免费的丰盛大餐，当然是黑耳鸢族群不能错过的飨宴。每天，鳗鱼池都会有暴毙的鱼尸漂浮在水面上，黑耳鸢便不定时前来盘旋搜索。一旦发现水面随波逐流的鳗鱼黏滑躯体，黑耳鸢即刻俯冲而下同时伸出脚爪，紧紧抓握住湿滑的鳗鱼，再带到附近的大树上食用。

Chapter 5　羽翼之外

专业
捕蛇配备

The Secret Life of Birds
(Breeding & Movement)

　　部分鸟类的身体局部经过特殊演
化，凭着尖锐嘴喙与锋利趾爪两项优异
配备，即使猎捕具有毒牙的蛇类时亦毫
无惧色。通常它们的脚部具有坚固的角
质鳞片保护，流经此处的血管不多。它
们对蛇毒的抵抗能力相较于其他生物稍
高，即使不小心遭到蛇咬，只要剂量不
多亦无大碍。

　　蛇雕是生活在台湾的著名蛇类杀
手，以无毒蛇类为主要食物。经过特化
的身体构造，使它们能够攀爬行走于枝
叶间，以寻找猎捕树栖性的蛇类。蛇雕
也经常停栖于空旷开垦地的制高点如枯
树、电线杆等，监视地表爬行类的活动
情况，待发现蛇类便滑降而下，在地面
行走追击并以利爪捕捉猎物。

蛇雕将捕获的蛇类带到树上准备慢慢享用。为了避免遭到同类抢食，大部分猛禽习惯以下垂的双翅，覆盖在身体的两侧以保护猎物。

蛇雕通常凭借锐利的视力在空中盘旋搜寻猎物，或是停栖在高处监视地面的动静，当它发现在地面爬行的蛇类时，会迅速俯冲而下，同时伸出利爪飞扑掠取。倘若蛇类发现并及时逃脱，蛇雕也会在地面上快步追击，不会轻言放弃。当蛇雕以双脚捕获蛇类时，会先以捉握力道强劲的趾爪，紧紧握住蛇类躯体防止其脱逃，并以捉握住蛇的单脚向前伸直，使其远离自己，并略微抬高翅膀，双眼紧盯着猎物，以防止挣扎的蛇类反身噬咬，接着捉握住蛇类头部使其攻击力丧失。之后，蛇雕以下垂的双翅覆盖住猎物，防止食物被抢夺，同时抬头张望，发声长鸣，以宣告猎物的主权。蛇雕通常会将食物带到附近的树上享用，以免待在地面上夜长梦多，徒增无谓的困扰。

左图：蛇雕的身体构造经过特化，脚部具有密实的鳞片保护，以避免蛇类挣扎噬咬，所以特别适合猎捕蛇类。

研究人员借兰屿角鸮身上的脚环，已经累积了数十年的数据资料，有助于解开珍稀物种不为人知的生活史。

候鸟的迁徙路径与范围，既长且广，直接追踪不易。为解开候鸟迁徙的奥秘，国际上针对候鸟的迁徙状态，制定了一套足旗系统，通过各国的环志作业团队，在鸟类的跗跖部位装置足旗或脚环，以便研究者通过不同颜色的足旗，了解候鸟的迁徙路线，包括其越冬、过境、繁殖等地点，并可进一步推算出它们的飞行速度与迁徙时间、路线等详细数据。

随着鸟类环志研究的日趋积极，最近几年，台湾各地的赏鸟者常在野外发现装有足旗的鸟儿，其中以春秋两季鸟类过境高峰期发现的频率最高，此观察数据会通过鸟会的协助传送给国际环志研究单位，成为鸟类研究的重要凭据。

三趾滨鹬的右脚足胫橘红色、跗跖黄色的金属环，左脚跗跖的白色金属环，透露出是自南澳大利亚上标的。

黑龙江扎龙保护区的研究人员做完基础测量之后，帮草鹭幼鸟上金属脚环。

在春秋两季迁徙性鸟类大量过境的高峰期，经常在海边潮间带和河口湿地等发现大群水鸟群聚，常有些佩戴不寻常人工配饰的鸟类混杂其间。通常这些鸟类会在足胫或跗跖部位，装置不同材质与颜色的足旗或脚环，甚至在翅膀上配置翼标等，供研究人员或鸟类环志研究组织作为研究追踪的重要依据。

point
13)

Chapter 5　羽翼之外
喜爱步行的鸟

鸟类的运动方式受到觅食习性与食物特性的影响甚大。以地面上的谷物、草籽及昆虫等为主食的雉鸡、竹鸡、鹌鹑等鸟类，大部分时间用于森林或草原底层步行啄食，加上体型较大，飞行相当耗费能量，除非遇到迫切危急的情况，否则这些鸟儿不会轻易飞行。也因此这些鸟类的翅膀逐渐演化为短而浑圆，具有能瞬间鼓翅起飞的爆发力，遇见危险时能迅速飞离现场，但滑行能力不佳，无法做长时间飞行。

蓝腹鹇雄鸟的饰羽、体态雍容华贵，身型硕大笨重，不适合飞行，仅能进行爆发性的短距离冲刺，因此它们宁愿选择在地面上行走，也不轻易飞行。

1. 帝雉雌鸟身材浑圆、翅形宽短，除了突发性的蹿飞来躲避敌害外，都以步行为主要的活动方式。

2. 台湾山鹧鸪个性低调隐秘，常藏身于林间底层和低矮丛薮之间，或漫步于落叶堆中觅食。

3. 灰胸竹鸡常在旱田果园和低海拔山林小径中活动。

4. 日本鹌鹑性隐秘羞怯，常行走于旱田农径边缘的草丛间觅食，遇到危险则迅速逃窜至草丛中躲藏。

5. 蓝胸秧鸡等秧鸡科鸟类，通常不喜欢飞行，除非突发迫切性的危险，否则都以步行作为主要行动方式。

在空中或水域觅食的鸟类，由于生活环境与猎物特性的影响，逐渐发展出特化的双脚与羽翼，也因此降低或丧失步行的能力，其中有些鸟儿如䴙䴘与雨燕，甚至不再回到地面活动。

许多树栖性的小型林鸟，脚趾自然呈握拳状，能紧紧地攀住树枝，但不得已降落地面时，完全无法步行，仅能以脚趾跳动前进。最适合水中生活的䴙䴘，双脚生长于身体后方而且特化为瓣足蹼，可增加潜水时的推进力，但用于步行时却摇摇晃晃、举步维艰。而具有完美翼形、飞行能力高超的燕子与雨燕，一天中多数的时间皆于空中滑翔捕食飞虫，因此双脚逐渐退化，不良于行。尤其是雨燕，其四趾全为前趾，已无法降落地面，不飞行时只能以趾爪钩住土壁稍事休息。

白腰雨燕等雨燕科鸟类，已经极度适应空中飞行生活，其停栖的方式是以特化的前趾攀钩于岩壁，无法下至地面行走活动。

左页图：黑颈䴙䴘等䴙䴘科鸟类的双脚位于下腹部后方，擅长划水游泳，身手矫捷宛若水上游龙，一旦上到陆地，就只能以摇晃不稳的步履轻步缓行。

红颈瓣蹼鹬喜欢栖息于水域环境，除繁殖期外，其余时间通常成群聚集生活在海面，也常飞至内陆湖泊、鱼池、湿地等环境觅食休息，但甚少上岸活动。

红喉潜鸟能飞擅泳，并以潜水的方式捕捞海洋生物为食，然而它们的脚位于腹部后侧，只能趴伏在地面匍匐前进，无法行走。

扁嘴海雀的脚位于下腹后端，这个完全适应潜水游泳的演化对策，使它们只能用直挺的姿势站立，行走笨拙，所以扁嘴海雀通常集体营巢繁殖于海岛的陆峭岩壁之间，以避免长距离的走动。

point

15)

踏水而行
展轻功

The Secret Life of Birds
(Breeding & Movement)

我们曾在电影或武侠小说里，看过习武之人有所谓飞檐走壁和草上飞的轻功绝技。鸟类也有行走奔跑于水面上的特技，例如小鸊鷉与骨顶鸡、鸬鹚等生活于水域环境的鸟类，由于脚趾的部位具有半蹼或全蹼等蹼膜的构造，平常有类似划桨的功能，让它们游行于水面，但遇到危险需要紧急逃离或追赶驱逐其他入侵者时，便会类似起飞助跑般踩踏水面快步奔跑，并大力拍动双翅以增加浮力，只是拍翅的频率与力道不如起飞时的爆发力，所以提供的冲力仅能够奔跑于水面上。

骨顶鸡还有一项在水面上奔跑点水的飞跃绝技，只见它原本悠游在水面，突然爆发冲力，将张开的双翅下压，以提升身体向上的浮力，紧接着阔步踩水，并辅以双翅的大力拍击，此时下腹部已经完全脱离水面，仅以双脚趾掌踩踏水面而行；持续拍动双翅所产生的向上浮力，加上蹼足狂奔于水面产生的向前冲力，使骨顶鸡具有踏水而行的特异功能。

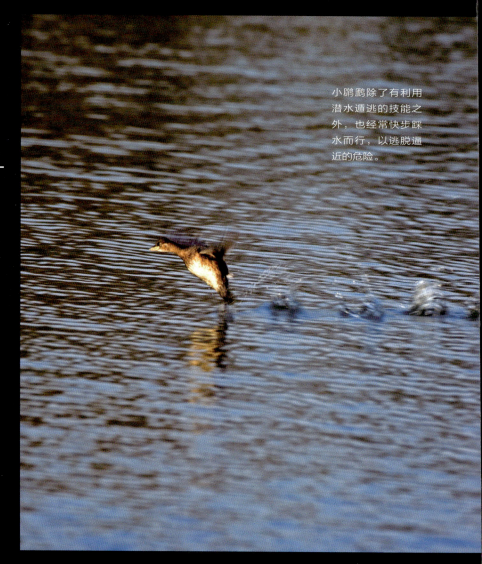

小鸊鷉除了有利用
潜水遁逃的技能之
外，也经常快步踩
水而行，以逃脱逼
近的危险。

Chapter ⑥ Movement 飞羽生命

point 01)

晚上不睡觉的鸟

入夜后，大部分鸟类会找寻隐匿处睡眠休息，但对夜行性的鸟类而言，一天的生活才正要开始。鸟类选择于夜间活动有不少好处，首先，夜晚的气温舒适凉爽，不似白天酷热，于夜间活动可以节省不少体力；其次，多数掠食者皆已停止活动、歇息入睡，夜间觅食或迁徙可减少被猎捕的风险；最后，入夜后的晦暗夜幕发挥最佳的屏障作用，出没时不易被天敌发现，相对地，对夜间掠食者而言，隐身于昏暗夜色中，猎物不容易察觉，可增加狩猎的成功概率。

在黑暗中活动觅食的夜行性鸟类，其双眼经长期的演化，充满大量的杆体细胞，可以吸收更多的光亮，即使在微弱的光线下，亦能轻易发现猎物的身影。相当适应夜间猎捕与摄食的猫头鹰，拥有大大的双眼，能聚集更多的光线，此外，它们的左右耳朵的位置不对称，一边高一边低，借着左右声音传递方式的差异，可以精准定位声音的来源，即使不靠眼睛也能准确找到猎物。

灰脸鵟鹰等日行性猛禽，利用晴朗的天气从事迁徙活动，除了基于安全性的考虑之外，晴朗炎热的白天提供产生额外浮力的上升气流，也是主要的原因之一。而鹭科、鹬鸻类和其他小型燕雀目的鸟类，则喜欢利用晚间迁徙；它们靠着地球磁场和星象以辨识方位，在渺茫的暗夜里，就算身处辽阔的海洋上空，依然能够顺利抵达目的地。虽然鸟类凭借着优异的超感官能力，能够轻易克服天气和地理上的障碍，却无法适应人类对自然环境有意或无意间的干预与影响。在鹭鸶向南迁徙的秋季，灯塔用来指引来往船只航向的聚光灯束，往往成为夜间迁徙鸟类的错乱指标。部分缺乏经验的鹭鸶迁徙群体，受到灯塔回旋光柱的错误指示，常常无法依循正确的迁徙路线前进，整晚如同无头苍蝇一般绕着灯塔胡乱盘旋。

生活在中高海拔山区的灰林鸮，它们停栖在公路两边的树上，捕捉在地面活动的啮齿类，也会守在停车场或垃圾箱旁，捕捉游客弃置食物引来的老鼠。

兰屿角鸮主要分布于兰屿，也是典型的夜行性头鹰，以昆虫为主食。

左图：领角鸮的头顶具有两束竖直的耳羽，常被称为猫头鹰。它们通常昼伏夜出，作息时间刚好与其他日行性鸟类相反，不过它可不像一些讹误的传言般，在白天完全看不见，猫头鹰在明亮的白天仍然可以看见物体。

下图：鹰鸮是台湾不常见的过境鸟和冬候鸟，但也有极少数属于繁殖的留鸟，它们经常在山区的路灯下，捕捉被灯光吸引来的大型蛾类、螽斯和甲虫。我曾在路灯底下，亲眼目睹褐鹰鸮无声无息地从天而降，以双脚攫走一只停栖在枝叶上的独角仙；白天更在相同地点寻获褐鹰鸮吃剩的食物残渣：只剩下翅鞘与部分肢足、独缺柔软的腹部、但是还有爬行能力的独角仙。

鸺鹠的体型非常小，却以猎捕其他小型鸟类为食，上飘起浓雾的昏暗白天，它们也会频繁活动。

东方角鸮是迁徙性夜行猛禽，过境期间经常可以看到被灯光吸引而撞击建筑物玻璃的大量伤鸟。

point 02

Chapter 6　飞羽生命

野鸟的睡眠与休息

　　鸟类的睡相不易发现，因为它们通常选择隐秘且避风之处休息。鸟类的睡眠类型亦依据鸟种、季节、潮汐等因素有所不同。日行性的鸟类通常于入夜后有一整夜的完整睡眠，夜行性鸟儿则于白日闭目养神。涉禽的睡眠时间则配合潮汐的涨退进行，涨潮时寻找高处休息，待退潮时再苏醒觅食，每日两次重复此循环。

　　很多鸟儿在夜间会聚在一起歇息，此种群聚的睡眠方式，除了可以防止夜间掠食者的袭击外，在寒冷的季节亦可互相取暖。过境时期的燕子会数以万计地栖息于电线上，作为群聚睡眠的处所。

　　大多数鸟类在睡眠时，会将嘴喙塞进身体的羽毛中，双脚采取蹲坐姿势，将身体缩成团状以羽毛覆盖，以减少睡眠时的热量散失。栖息于水域的许多涉禽为减少身体裸露于羽毛外的面积，更以单脚站立的姿势进行睡眠。树栖性的鸟类休息时，脚趾肌腱会紧绷，使趾爪自然弯曲而紧紧攀住树枝，让它们不至于在睡眠时摔落。

The Secret Life of Birds
(Breeding & Movement)

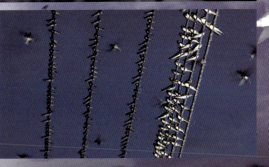

每年8至9月份之间，大量过境的家燕集结，夜栖于巷弄之间的电线上而显得热闹异常；绝大多数的居民习以为常，与远道而来的这群娇客相安无事。每天当夕阳西下，从四面八方实时涌现的上万只燕影低空掠过，就在盘旋几回合之后，天空中的点点鸟影突然骤减，原来家燕已经全数降落，停栖在安全避风的巷弄的电线上。当夜栖地点一经选定并停栖妥当，除非突发大规模骚扰，否则主群不会轻易变动夜栖地点。在夜深人静巷弄居民尽皆入睡之际，燕群也跟着抖松羽毛埋头沉睡。等到清晨五点钟，所有家燕几乎同时醒来，就在短暂的高歌躁动和舒展筋骨之后，顷刻间恢复寂静全数净空，整个燕群如同蒸发般消散得无影无踪。

1

2

3

4

5

1. 在宜兰出现的黑脸琵鹭越冬族群，饱餐后栖立于田埂上，无惧寒风细雨，将嘴喙藏在羽毛中休息。

2、3. 中杓鹬等地栖性鸟类在休息时通常会采取站姿，并将嘴喙藏于羽毛之中，仅露出眼睛监视周边动静，但在安全无虞的环境中，为了减少强风的吹袭，也会采用趴姿。

4. 红脚鹬在涨潮时，成群从觅食的滩地飞至干燥陆地理羽休息，等到潮水退去之后，才回到潮间带继续寻找食物。

5. 鸭子漂浮在水面上休息，并不时以蹼足当作桨在水底划动，以免被水流越带越远。

6. 鹬鸻类涉禽在涨潮时，常聚集在岸边休息等待潮水退去。

7. 蛎鹬聚集在被潮水包围犹如孤岛的陆地上，个体间零星的冲突也随着水位的不断升高而频繁上演，随着主群接连飞离，仅剩坚守阵地的少数个体，最后也终将弃守。

8. 灰胸竹鸡虽然习惯在地面上行走觅食，并借着隐藏于草丛间躲避敌害，然而它们在夜间栖息睡觉时，却选择飞上浓密的枝叶间，以避开地栖性掠食动物。

9. 红翅绿鸠仗恃着优异的保护色，在饱食雀榕果实之后，直接停栖于枝头上闭目休息。

10. 环颈雉与其他雉科鸟类，都喜欢在入夜前飞上特定的茂密枝叶间停栖睡觉，以躲避地面的掠食动物，在一夜好眠、天色微亮之际，才又回到地面从事一天的活动。

Chapter 6　飞羽生命

雨中即景

多数鸟类的尾羽基部具有尾脂腺构造，鸟类在平时保养羽翼时，会将此腺体的油脂仔细均匀地涂抹于羽毛表面，使羽毛油亮润泽，并达到防水的效果。只要雨势不过大，雨滴会顺着鱼鳞状排列、覆盖整齐的光滑羽翼表面滴落，鸟儿们仍可继续觅食与活动。细细欣赏微雨中的鸟儿，往往可以发现多了柔焦般的诗意与美感。不过当雨势过大时，鸟儿仍有弄湿羽毛的顾虑，通常会寻找建筑物或树叶下方躲雨。浑身绒毛的幼鸟，因为身上的羽翼尚未齐全，而且尚未具备发达的尾脂腺体保护，很容易因为淋湿而失温，禁不起长时间大量雨水的浇淋，所以尽职的亲鸟会以羽翼为幼雏挡风遮雨。

左页图：尽管春雨料峭，冬日寒意犹未完全消退，山桐子又是丰收的一季，也吸引了岛鸫等稀有罕见的鸟类终日摄食；虽然整天淫雨霏霏，但是鸟类活动频繁，热量消耗也比较快，适应之道便是冒着细雨努力觅食，以补充寒冷天气里流失的热量。

1. 防汛道路的正中央，金眶鸻将卵产在几颗细碎石子铺设的简陋巢中，虽然往来的车辆非常少，但它巧妙地选择了这个只能由车身跨越、却不会被轮胎辗压的位置来筑巢。由于河岸环境空旷毫无遮蔽，有一天中午，一场超大暴雨骤然降下，几乎淹没了地面。金眶鸻亲鸟尽管羽翼浸湿，但是唯恐发育中的卵一旦淋雨将有失温的危险，尽职的亲鸟还是在飘摇的强风暴雨之中，坚守岗位屹立不倒。

2. 绿翅金鸠只用几根纤细树枝堆成极其简陋的巢，终于禁不起连日大雨的袭击，巢连同幼鸟一起掉落至地面；虽然午后雷雨每日骤降，但亲鸟对雏鸟还是不忍离弃，除了持续喂食外，降雨时还会将幼鸟覆盖在羽翼或胸腹部下方，以免幼鸟淋湿。

3. 褐头鹪莺在下雨天也要竭尽所能地捕捉食物，来满足幼鸟嗷嗷待哺的黄口。

4. 灰脸鵟鹰等日行性迁徙猛禽，每当横渡海洋时，若遇狂风暴雨，势必因为没有落脚地点而终将葬身大海，所以它们具有极其敏锐的天气预测能力，并巧妙绕过雷雨暴风区域或干脆折返陆地；如果它们仍在陆地而尚未出海，通常会选择在原地停留并积极猎捕食物，以补充长途飞行的高能量消耗。

5. 黑枕黄鹂以草茎叶片和少量人造材料构筑成吊篮般的巢，悬挂在纤细的枝梢末端，几经风雨吹袭，摇摇欲坠。当幼鸟日益成长体重渐增，再加上巢材吸饱水分后增加的重量，巢枝被压得垂头不起。比较令人担心的是，连日不曾间歇的大雨过后，仅仅靠着巢上的稀疏叶片遮挡，起不了任何保护幼鸟的实质作用，黑枕黄鹂亲鸟也知道这个窘境，因此除了竭尽所能频繁带回食物，希望幼鸟能快快长大，以脱离狭小巢室的桎梏外，当雨势加大时，亲鸟更会进巢覆盖，以肉身抵挡雨水的直接浇淋。当雨水稍歇，亲鸟又得马上外出寻觅食物填饱幼鸟的迫切索食。

point
04

Chapter 6　飞羽生命

强敌环视

The Secret Life of Birds
(Breeding & Movement)

　　鸟类的天敌不少，常见的肉食性天敌，包括会吞食蛋、幼鸟甚至成鸟的蛇类，以小型鸟类为食的猛禽，喜食野鸟的猫等。在弱肉强食的世界中，许多杂食性的动物，如鸦科鸟类、猴子、松鼠、野狗等，亦会侵袭鸟类，它们常会接近骚扰鸟儿的巢穴，待亲鸟未觉察时，伺机偷取或擭捕巢中的幼鸟与营养丰富的卵，还会追击受伤病弱的鸟儿以补充蛋白质。

　　其实，鸟儿最大的天敌应是人类。人类设下陷阱或使用猎枪大量捕捉击杀野鸟，只为满足其食用、赏玩、炫耀、收藏、驱赶等种种自私的目的。人类的大量捕杀，破坏了原有食物链的正常循环轮替，再加上各种栖息环境的严重破坏，许多鸟类族群濒临灭绝的危机。

　　然而包括人类在内的所有生物，今后将面临的另一个更大的危机，就是骄傲无知的人类自以为人定胜天，恣意主宰操控和破坏环境，已经导致地球生态严重失去平衡。气候异常、天灾连连的地球终将反扑，使地球生命面临严重浩劫。

1. 福建竹叶青等蛇类经常盘踞在灌丛的枝叶间，几乎完全不动地等待着猎物自己送上门来，青蛙、蜥蜴、老鼠与粗心的鸟类都是它的菜谱。

2. 专门以猎捕鸟类为食的苍鹰，凭借着爪尖嘴利和优异的飞行技巧与耐心埋伏守候的毅力，十足是鸟类的终极杀手。

3. 流浪猫身手矫健，并擅长不动声色地趴伏靠近猎物，与生俱来就有优异的猎人本能，对鸟类威胁不容小觑。

4. 由于人类大量弃养，野狗已经在野外自行繁衍，它们凭借着求生的本能，擅长群体活动，以围捕鸟类和其他动物为食，已经开始危害到野鸟的栖息环境。

5. 部分人类为了满足饲养、把玩或欣赏的私利，捕捉野鸟加以贩卖，除了影响生态平衡，毫无节制的捕猎也对野鸟生存造成莫大的影响。

6. 人类是鸟类的终极天敌，擅长利用各种工具，毫无节制地大量猎捕具有经济价值的各种动物，就连居于食物链高层的猛禽（陷入捕兽夹陷阱的白腹鹞）和机灵的红尾伯劳也难逃人类的毒手。

203

The Secret Life of Birds (Breeding & Movement)

point 05 ⟩ 生命无常

　　生老病死是动物的生命循环，鸟儿亦是如此。刚学习独立的幼鸟，对于生活能力的学习与掌握尚未熟练，也许因为无法找到足够的食物，也许因为找不到安全的栖息处所等种种原因，导致这个阶段的鸟儿相当容易夭折。但经验丰富的成鸟，也不是从此一帆风顺，仍然必须面对种种天灾人祸的考验，包括遭到虎视眈眈的掠食者捕食、大自然中狂风暴雨等天灾侵袭，还有迁徙时的精疲力竭等状况，都让许多鸟儿无法安享天年。

　　此外，人类种种有意无意的活动，亦严重危及鸟类的生存。自然环境的大片开发与过度的捕猎，使某些鸟类族群难以延续；大量杀虫剂与除草剂的使用，导致鸟类中毒死亡，或让其繁殖能力受损；令人触目惊心的鸟网上，常吊挂着杀鸡儆猴的鸟尸；横冲直撞的汽车，更时时让毫无招架之力的鸟儿魂断轮下。鸟类的演化远远跟不上人类科技进步的速度，越来越多鸟类的生存受到人类无止境的开发所威胁伤害。学习与人类共存成为现代鸟类最迫切的课题，而环境与野鸟的保护则是人类的当务之急。

1

小白鹭虽然遭到被人类
捕兽夹夹断脚的厄运,
但是随着时间进入了繁殖
期,仍然不改本色,将眼
睛前端的裸露皮肤与仅
剩的脚掌,转变成淡淡
粉红的求偶婚姻色彩。

1.五色鸟因为意外而扭断脚胫,只能靠
另一只正常的脚与下腹支撑,才得以
稳固地栖立于枝头。

2.黑尾鸥的亚成鸟在渔港捡拾鱼尸残骸,
却遭到钓鱼线缠绕住身体,并卡在嘴
喙基部,导致嘴喙无法闭合。

3.在河口湿地觅食的红嘴巨鸥,不慎被
人类随意弃置的钓鱼线缠绕,从此只
能拖着这条透明的钓鱼线飞行。

1、2.鸟类的世界充满了各种危机，刚离巢的幼鸟极易夭折身亡，就算成鸟后也会面临陷阱捕猎、天敌捕食和天灾人祸等种种生存的危机。

3.在广大湿地里夭折身亡的黑嘴鸥幼鸟，终将化成一堆尘土。

4.经过终日暴雨而羽翼湿濡、体温尽失，最后趴卧在地面上的噪鹃幼鸟，虽然受到抢救，还是回天乏术。

5.飞行速度缓慢的褐翅鸦鹃，在过马路时遭到车辆撞击身亡。人类发达的道路系统导致鸟类栖息地破碎化，它们可说是直接的受害者。

6.白腹鸫在树林底层翻食落叶堆里的昆虫，却受到明亮的灯光指引，误以为建筑物回廊是便捷的通道，导致一头撞击玻璃而身亡。

7.农民将麻雀的尸体悬挂在稻田中，期望达到杀鸡儆猴的警告功效。

8.台湾中横公路德基路段的乌鸦，习惯在车潮往来的路边搜寻惨遭车辆撞击的小型生物为食。然而聪明机警的乌鸦也可能因为过于专心捡拾食物，而沦为过往车辆的轮下冤魂。

9.小白鹭遭到鱼池主人杀害并高悬于岸边，不过讽刺的是，一旁的其他鹭鸶根本无动于衷，仍然伫立岸边继续捕食鱼类。

10.对鸟类生态缺乏认识却又充满敌意的菜圃主人，误以为白胸苦恶鸟是糟蹋作物的主要元凶，竟以陷阱捕获之后，将之悬吊示众，希望收到杀一儆百之效。

图书在版编目(CIP)数据

野鸟放大镜.住行篇/许晋荣著.—北京:商务印书馆,
2016

(自然观察丛书)

ISBN 978-7-100-12377-8

Ⅰ.①野… Ⅱ.①许… Ⅲ.①野生动物—鸟类—普及
读物 Ⅳ.①Q959.7-49

中国版本图书馆 CIP 数据核字(2016)第 160098 号

本书由台湾远见天下文化出版股份有限
公司授权出版,限在中国大陆地区发行。
本书由深圳市越众文化传播有限公司策划。

野鸟放大镜住行篇

许晋荣 著

商 务 印 书 馆 出 版
(北京王府井大街36号 邮政编码100710)
商 务 印 书 馆 发 行
北京新华印刷有限公司印刷
ISBN 978-7-100-12377-8

2016年11月第1版　　　开本 880×1230 1/32
2016年11月北京第1次印刷　印张 6½
定价:46.00元